国家林业和草原局普通高等教育"十三五"规划教材

木材识别与鉴定技术

商俊博　主编

中国林業出版社
CFPH China Forestry Publishing House

内 容 简 介

本教材包括两部分内容：第一部分是木材识别与鉴定的基础知识，包括木材宏观、微观构造及识别技术，分子生物学的基本原理及识别技术，化学成分分析的主要方法及识别技术，图像处理的基本原理及识别技术。第二部分是木材识别与鉴定的实践训练，包括木材构造的观察与树种识别，分子生物学及仪器分析技术等基础实验。本教材以木材解剖学的基础理论及应用为基础，在实践中引入前沿研究成果，助力复合型创新人才的培养。

本教材可作为相关实践教学教材，也可以作为从事木材树种鉴定工作人员的参考书籍。

图书在版编目(CIP)数据

木材识别与鉴定技术 / 商俊博主编. -- 北京：中国林业出版社，2024. 8. --(国家林业和草原局普通高等教育“十三五”规划教材). -- ISBN 978-7-5219-2780-1

Ⅰ. S781. 1

中国国家版本馆 CIP 数据核字第 2024JG7002 号

策划、责任编辑：田夏青
责任校对：苏　梅
封面设计：周周设计局

出版发行：中国林业出版社
（100009，北京市西城区刘海胡同 7 号，电话 010-83223120）
电子邮箱：cfphzbs@ 163. com
网址：https：//www. cfph. net
印刷：北京中科印刷有限公司
版次：2024 年 8 月第 1 版
印次：2024 年 8 月第 1 次印刷
开本：787mm×1092mm　1/16
印张：8
字数：200 千字
定价：39. 00 元

《木材识别与鉴定技术》编写人员

主　　编　商俊博

副 主 编　曹　琳　焦立超　刘文静

编写人员　(按姓氏拼音排序)

曹　琳(北京林业大学)

焦立超(中国林业科学研究院)

刘文静(内蒙古农业大学)

商俊博(北京林业大学)

张方达(中国林业科学研究院)

前　言

随着现代仪器分析技术的快速发展和信息技术的深度应用，木材识别研究及其技术应用逐渐形成了以传统木材解剖学为基石，融合分子生物学、仪器分析、计算机图像识别等多种新理念、新方法的协同发展形势。多学科交叉汇聚与多技术跨界融合成为常态化，为人才培养提出了新要求。本教材的编写以"四个面向"为指引，坚持以传统的木材识别技术为主，以实操实训为辅，夯实教学基础；引入分子生物学、仪器分析技术等，以前沿科学为引领拓宽教学方向，助力复合型创新人才培养，为提升我国木材产业链监管水平，推动森林树种生物多样性保护提供有力的人才支撑。

本教材分为理论和实践两部分。理论部分侧重从实践的角度阐述木材解剖构造知识，为实践操作奠定理论基础；同时，聚焦木材识别领域的热点研究，以图文并茂的形式引入相关学术成果。实践部分以传统的木材识别实践训练为主体，涵盖宏观构造观察、微观构造观察、超微构造观察及制片技术等，注重提升学生实践水平和动手能力；同时增设了一些综合性、前沿性的实验内容，以科研成果为引导，设计了基于分子生物学和仪器分析的木材识别基础实验，让学生在实践中了解新方法、新技术，拓宽学生专业认知，增加学生专业兴趣。

本教材理论部分共 5 章：第 1 章由曹琳编写；第 2 章由刘文静编写；第 3 章由焦立超编写；第 4 章由商俊博、张方达编写；第 5 章由商俊博编写。实验部分共 20 个实验：实验 1、2、7、8、9、15~20 由商俊博编写；实验 3~6 由曹琳编写；实验 10、11 由刘文静编写；实验 12~14 由焦立超编写。本教材由商俊博统稿。

本教材在编写过程中，得到了北京林业大学教务处、材料科学与技术学院及木材科学与工程系领导和老师们的支持与帮助，在此表示深深的谢意！特别感谢中国林业出版社编辑在出版过程中给予的指导与帮助。

本教材可作为木材科学与工程专业学生的实验教学教材，也可以作为从事木材识别与鉴定相关工作人员的参考书籍。

木材识别与鉴定技术涉及多门学科，由于编者水平有限，不足之处在所难免，恳请同行、读者批评指正。

编　者

2023 年 11 月

目　录

上篇

理论部分

第1章

木材构造

木材来自树木，是一种天然的生物质材料。木材由无数不同形态、不同大小、不同排列方式的细胞组成，同一类别的细胞在木材中聚合为组织，这些组织在不同的观察手段(如放大镜、显微镜等)下的形态表现即为木材构造。木材构造根据观察手段的不同分为宏观构造、微观构造及超微观构造。木材的宏观构造是指用肉眼及低倍放大镜观察到的木材构造，主要包括生长轮、心边材、木射线、管孔、轴向薄壁组织、胞间道等主要特征以及材色、光泽、纹理、结构等次要特征。木材的微观构造是指用光学显微镜观察到的木材构造特征，主要包括构成木材的各种细胞的形态特征及其之间的关系，根据树种分为针叶树材的微观构造与阔叶树材的微观构造。

1.1 基础知识

1.1.1 木材三切面

木材中的各种组织从不同的角度观察会呈现出不同的形态，为了充分认识木材的构造特征，从而有了三切面的规定。从三切面入手可以全面地观察、认识木材的构造。木材的三切面包括横切面、径切面及弦切面三个切面。

1.1.1.1 横切面

横切面是指与木材纹理(树轴方向)垂直的切面，即树干的端面，也称为横断面、横截面。木材轴向分子(导管、管胞)两端的特征、木材生长轮的形状及宽度、早晚材的过渡、心边材的材色、木射线的宽度、轴向薄壁组织分布类型及轴向胞间道的分布等都可在此切面观察，是木材识别的重要切面。横切面最明显的特征是生长轮呈同心圆状，木射线是从髓心向外发散的辐射状线条。

1.1.1.2 径切面

径切面是指顺着木材纹理(树轴方向)，通过髓心与木射线平行或与生长轮相垂直的纵切面。在径切面上可观察到平行带状的生长轮、轴向分子沿木材纹理方向的排列、木射线水平方向的排列及心边材的材色等。

1.1.1.3 弦切面

弦切面是顺着木材纹理(树轴方向)，与木射线垂直或与生长轮相切的纵切面，最明显的特征是生长轮呈抛物线状。弦切面上可观察木材轴向分子、木射线沿纹理方向的排列等，是测量木射线的高度和宽度的最佳切面。弦切面和径切面相互垂直。

1.1.2 生长轮、年轮、早材与晚材

通过形成层的活动，在一个生长周期中所产生的次生木质部，在横切面上呈现一个围绕髓心的完整轮状结构，称为生长轮。在温带和寒带，树木的生长周期在一年中只有一个，形成层在一年中向内只分生一层木质部，此时的生长轮也称为年轮。在热带，一年间的气候变化很小，树木生长四季几乎无间断，但会受雨季和旱季的影响，有些热带地区一年不止一个雨季与旱季，造成热带树木在一年之内有一个以上的生长期，即一年之间可能形成几个生长轮。

温带、寒带树木，一个年轮由早材与晚材共同组成。早材是树木生长季节早期形成的木材，具有壁薄、腔大的细胞，其密度较低、材质较松软、材色较浅。热带树木在雨季形成的木材也有同样的特点。温带、寒带树木生长季节晚期形成的木材，其细胞腔小而壁厚、密度较高、材质较致密、材色深，称为晚材。热带树木在旱季形成的木材也有同样的特点。前一年的晚材与次年早材之间的界线称为轮界线，针叶树材的轮界线和阔叶树材中环孔材的轮界线都比较明显。

一个年轮内早材到晚材的过渡有急有缓。早晚材差别显著，早材至晚材过渡急剧的称为急变，如马尾松、樟子松、柳杉等。而早材至晚材逐渐过渡的称为缓变或渐变，如华山松、红松、柏木等。通常阔叶树材环孔材及针叶树材松属的硬松类早晚材急变，阔叶树材散孔材及针叶树材松属的软松类早晚材缓变。

晚材在一个年轮中所占的比例称为晚材率。晚材率的大小可以作为衡量针叶树材和阔叶树环孔材强度大小的标志。

另外，树木在生长季节内，有时会因为菌虫侵害、霜冻、冰雹、火灾、干旱以及气候突变等影响，致使生长中断，经过一段时间后又重新恢复生长，因此在同一生长周期内会形成两个或两个以上的生长轮，这种生长轮称为假年轮或伪年轮。假年轮的界线不像真年轮明显，断轮比较常见，如柏木、侧柏等常出现假年轮。

年轮宽度指在横切面上与年轮相垂直的两个轮界线之间的宽度，年轮的宽窄主要与树种、树龄、气候、土壤、光照有关。

1.1.3 心材与边材

观察树干的横断面，会发现有些树种树干横断面上靠近髓心的中心部分和靠近树皮的外围部分木材的材色明显不同，生材时水分含量也不同；其中靠近树皮部分，材色较浅，生材时水分含量较多，称为边材；靠近髓心部分，材色较深，生材时水分含量较少，称为心材。

心材是由边材转变而来的，边材到心材的转变是树木生长过程中的一种正常现象，也是一个复杂的生物化学过程。不同树种的转变时间有早有晚，边材有宽有窄，如刺槐属树种的心材在生长的头几年就开始形成；而松属、落叶松属等树种，则需要10~30年甚至更长时间才能形成心材。心材通常材色深、材质硬重、渗透性差、耐久性高，是优良的家具

与装饰装修用材。

在自然界中不是所有的树木都具有和边材材色区分明显的心材，有些树种如云杉属、冷杉属、水青冈、山杨等，生材时树干中心部分与外围部分的木材材色无区别，但含水量不同，中心部分水分较少的木材称为熟材。

根据是否具有明显的心材，可将树木分为以下三类。

①心材树种：指树干横截面上中心部位和外围部位木材材色差异明显，生材或活立木中两者水分含量有差异，中心部位水分含量少的树种，如松属、落叶松属、圆柏、香椿、刺槐、水曲柳等。

②边材树种：指树干横截面上中心部位和外围部位木材材色无差异，生材或活立木中水分含量也无差异的树种，如桦木、椴木、槭属等阔叶树材。

③熟材树种(隐心材树种)：树干横截面上中心部位和外围部位木材材色无差异，但生材或活立木中水分含量有差异，中心部位水分含量少的树种，如云杉属、冷杉属、山杨、水青冈等。

有些边材树种如桦木、杨木、槭木等，由于受真菌侵害，在树干中心部位出现材色加深，仿佛心材一般的现象，这就是假心材，也称为伪心材。假心材边缘不规则通常有深色的边界，材色也不均匀一致。国产阔叶树材中常见于桦木属、杨属、柳属、槭属等。

1.1.4　导管(管孔)

导管是绝大多数阔叶树材所具有的输导组织。导管在横切面上呈孔穴状，被称为管孔，在纵切面上被称为导管线(槽)。通常导管在肉眼或低倍放大镜下可见，所以具有导管的阔叶树材被称为有孔材。而不具有导管的针叶树材，被称为无孔材。但也有特例，如我国西南地区的水青树科水青树属和台湾省的昆栏树科昆栏树属的树种是阔叶树材，却无导管。

在木材识别中，管孔有无是区别阔叶树材和针叶树材的重要依据，而管孔的组合、分布、排列、大小、数目和内含物是识别阔叶树材的重要依据。

1.1.4.1　管孔的组合

管孔的组合是指相邻管孔的连接形式，常见的管孔组合有以下4种形式：

(1)单管孔

单管孔指一个管孔周围完全被其他细胞(轴向薄壁细胞或木纤维)所包围，各个管孔单独存在，和其他管孔互不连接[图1-1(a)]，如壳斗科、山茶科、金缕梅科等。

(2)径列复管孔

径列复管孔指两个或两个以上管孔相连成径向排列，除了在两端的管孔仍为圆形外，在中间部分的管孔则为扁平状[图1-1(b)]，如枫杨、毛白杨、黑桦、槭属等。

(3)管孔链

管孔链指一串相邻的单管孔，呈径向排列，但管孔仍保持原来的形状[图1-1(c)]，如冬青、油桐等。

(4)管孔团

管孔团指数量较多的管孔聚集在一起，组合不规则，在晚材内呈团状[图1-1(d)]，如榆属、桑属、臭椿等。

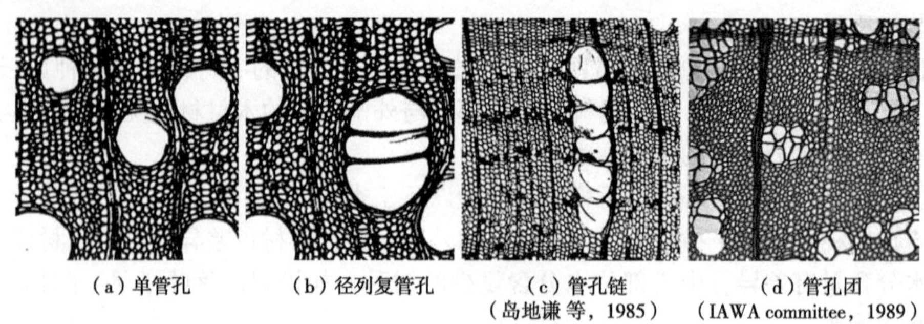
（a）单管孔　（b）径列复管孔　（c）管孔链（岛地谦 等，1985）　（d）管孔团（IAWA committee，1989）

图 1-1　管孔的组合

1.1.4.2　管孔的分布

阔叶树材种类繁多，管孔的分布是识别阔叶树材的重要依据。根据管孔在横切面上一个生长轮内的分布和大小情况，可将阔叶树材分为三大类，即环孔材、半环孔材(半散孔材)、散孔材。

(1)环孔材

环孔材指在一个生长轮内，早材管孔比晚材管孔大得多，区别明显，早材管孔沿生长轮呈环状排成一至数列[图 1-2(a)]，如栗属、栎属、桑属、榆属等。

(2)半散孔材(半环孔材)

半散孔材(半环孔材)指在一个生长轮内，早材管孔比晚材管孔稍大，从早材到晚材的管孔逐渐变小，早晚管孔的大小界线不明显[图 1-2(b)]，如香樟、黄杞、核桃楸、枫杨等。

(3)散孔材

散孔材指在一个生长轮内，早晚材管孔的大小没有明显区别，分布也比较均匀[图 1-2(c)]，如毛白杨、白桦、蚬木、木兰、槭木等。

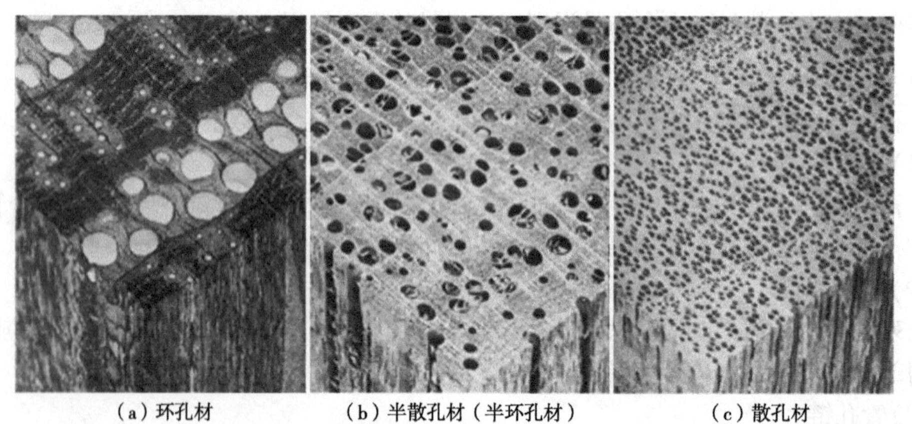
（a）环孔材　（b）半散孔材（半环孔材）　（c）散孔材

图 1-2　管孔的分布(H. A. Core et al.，1979)

1.1.4.3　管孔的排列

管孔的排列是指导管在木材横切面上呈现出的排列方式。管孔的排列是对散孔材的整个生长轮和环孔材晚材部分的特征进行描述，是识别阔叶树材的重要依据之一，其主要有以下几种类型：

(1)星散状

在一个生长轮内，管孔大多数为单管孔，呈均匀分散的分布，无明显的排列方式[图1-3(a)]。

(2)径列或斜列

管孔沿木射线方向或与木射线的方向呈一定角度排列的长行列或短行列，又可分为以下5种类型。

①溪流状(辐射状)：管孔径列排列，似溪流一样穿过几个生长轮[图1-3(b)]。

②Z字形(之字形)：管孔的斜列有规律地中途改变方向，呈Z字形或之字形[图1-3(c)]。

③人字形或“《”形：管孔成人字形或“《”形排列[图1-3(d)]。

④火焰状：早材管孔大，似火焰的基部；晚材管孔小、形似火舌，管孔排列好像火焰一样[图1-3(e)]。

⑤树枝状(交叉状、鼠李状)：管孔大小基本相等，一至数列管孔组合呈交叉状排列，排列不规则，也似树枝[图1-3(f)]。

(3)弦列

在一个生长轮内管孔沿弦向排列，略与生长轮平行或与木射线垂直。

①花彩状(切线状)：在一个生长轮内，全部管孔成数列链状，沿生长轮方向排列，并且在两条宽木射线间向髓心凸起，管孔的一侧常围以轴向薄壁组织层[图1-3(g)]。

②波浪状(榆木状)：晚材管孔为管孔团，并连续呈波浪状或倾斜状，略与生长轮平行，呈切线状的弦向排列[图1-3(h)]。

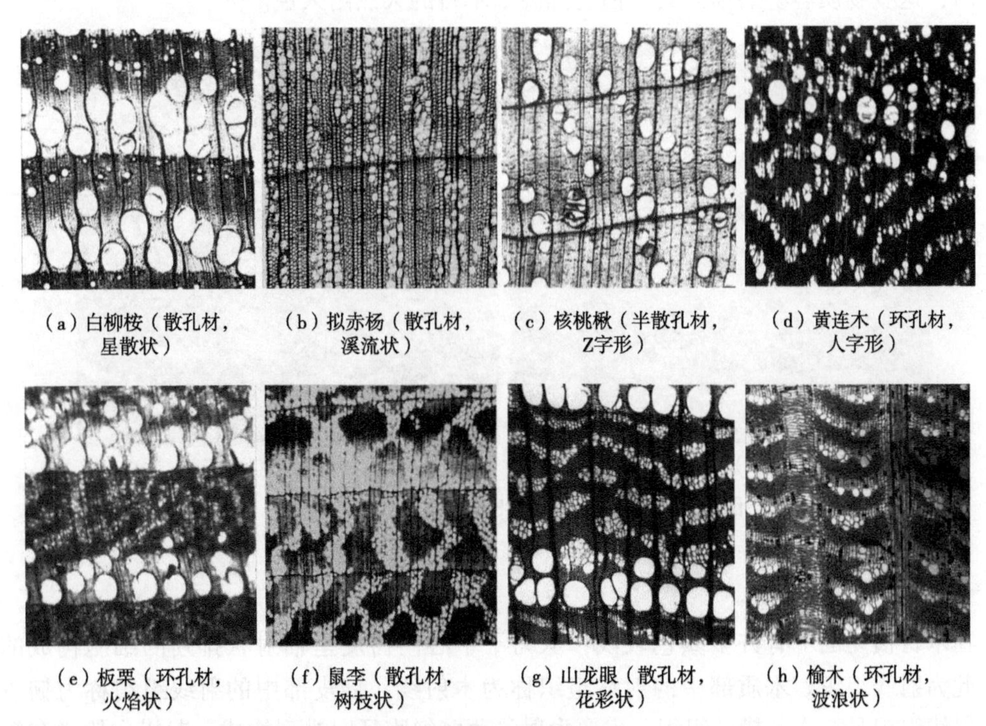

(a)白柳桉(散孔材，星散状)　(b)拟赤杨(散孔材，溪流状)　(c)核桃楸(半散孔材，Z字形)　(d)黄连木(环孔材，人字形)

(e)板栗(环孔材，火焰状)　(f)鼠李(散孔材，树枝状)　(g)山龙眼(散孔材，花彩状)　(h)榆木(环孔材，波浪状)

图1-3　管孔的排列(成俊卿 等，1985)

1.1.4.4 管孔的大小与数目

导管的大小是阔叶树材的重要特征，也是阔叶树材的识别特征之一。管孔的大小是以平均弦向直径为准，可分为极小、小、中、大、极大。

散孔材横切面上单位面积内管孔的数目，对木材识别也有一定帮助。按横切面上 1 mm^2 内管孔的数目，可分为甚少、少、略少、略多、多、甚多。

1.1.4.5 管孔内含物

管孔内含物是指在管孔内的侵填体、树胶或其他沉积物(矿物质或有机沉积物)。

(1)侵填体

某些阔叶树材的心材导管中有一种泡沫状填充物，称为侵填体(图 1-4)。侵填体比较发达的树种有刺槐、槐树、檫树、麻栎、石梓等。侵填体的有无或多少，是木材识别的依据之一。如麻栎和栓皮栎，二者外观相似，难以区别，但栓皮栎的心材不具或具少量侵填体，而麻栎心材具有较丰富的侵填体。

侵填体丰富的木材，因导管被堵塞而渗透性差，会影响木材防腐等改性处理时化学药剂的渗透，但其天然耐久性往往较高。

(2)树胶或其他沉积物

树胶是不规则的褐色或红褐色点状或块状物，如楝科、香椿等树种中常见，树胶的有无也有助于识别木材。

在有些树种的导管中有矿物质或有机沉积物，如柚木的导管中有磷酸钙沉积物。木材加工时，这些物质容易磨损刀具，但它提高了木材的天然耐久性。

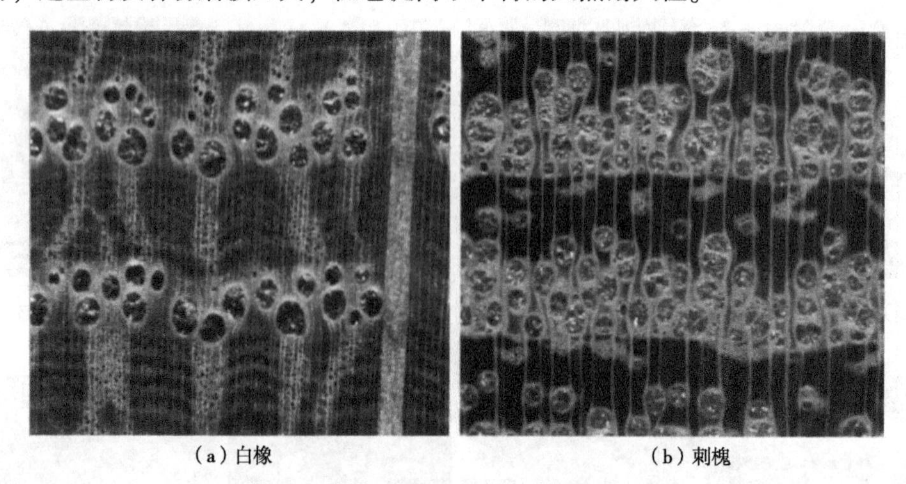

(a)白橡　　(b)刺槐

图 1-4　侵填体(20×)(R. Bruce Hoadley，1990)

1.1.5 木射线

在木材横切面上有许多颜色较浅，从树干中心向树皮呈辐射状排列的细胞构成的组织，此为射线组织。木质部中的射线组织称为木射线，韧皮部中的射线组织称为韧皮射线。射线组织是树木的横向组织，主要由射线薄壁细胞径向排列构成，起横向输送和贮藏养料的作用。

同一条木射线在木材三切面上的形态各不相同，在横切面上木射线呈辐射状线条，显示其宽度和长度，其与生长轮略垂直；在径切面上呈横向短线条或片状花纹，显示其长度和高度；在弦切面上呈断续的纵向短线条，显示其宽度和高度。因此，从三切面观察木射线形态才能达到充分认识木射线的目的；反之，根据木射线的形态也可区分木材的三个切面。三切面中弦切面观察木射线宽度和高度更为精准。

针叶树材的木射线都较细，在肉眼及低倍放大镜下仅略可见，对木材宏观识别没有多大的意义。而阔叶树材不同树种之间木射线的宽度、高度、数量各不相同，是识别阔叶树材的重要特征之一。

1.1.5.1　木射线的分类

(1)按起源不同分类

①初生木射线(髓射线)：即可到达髓心的木射线。

②次生木射线：即达不到髓心的木射线，木材中的射线大部分属于次生木射线。

(2)按宽度分类

①极细木射线：宽度小于 0.05 mm，肉眼下不见，木材结构非常很细，如松属、柏属、杨属、柳属等。

②细木射线：宽度为 0.05~0.10 mm，肉眼下可见，木材结构细，如杉木、银杏、椴木等。

③中等木射线：宽度为 0.10~0.20 mm，肉眼下比较明晰，如冬青、槭树等。

④宽木射线：宽度为 0.20~0.40 mm，肉眼下明晰，木材结构粗，如山龙眼、梧桐、栓皮栎等。

⑤极宽木射线：宽度大于 0.40 mm，射线很宽，肉眼下非常明晰，木材结构甚粗，如青冈栎、柞栎等(肉眼下最明显)。

1.1.5.2　木射线的高度与数量

木射线的高度与数量在树种间变化，二者可作为识别木材的特征。

(1)木射线的高度

①矮木射线：高度小于 2 mm，如黄杨、桦木等。

②中等木射线：高度为 2~10 mm，如悬铃木等。

③高木射线：高度大于 10 mm，如桤木、麻栎等。

(2)木射线的数量

在木材横切面上与木射线垂直，沿生长轮方向计算 5 mm 内木射线的数量，取其平均值。木射线在 5 mm 长度中的数量对木材识别有一定的意义。

1.1.6　轴向薄壁组织

轴向薄壁组织是指形成层纺锤形原始细胞所形成的薄壁细胞，沿树轴方向排列形成的组织。

大部分针叶树材没有轴向薄壁组织，只有少数树种有，如柏科。阔叶树材的轴向薄壁组织较多，是识别阔叶树材的重要特征之一，其数量在树种间变异，有的树种很发达肉眼可见，有的树种很不发达显微镜下才可观察到。在木材横切面上，阔叶树材的轴向薄壁组织排列形式种类较多，根据其与导管的依附程度，可分为离管型轴向薄壁组织和傍管型轴向薄壁组织。

1.1.6.1 离管型轴向薄壁组织

离管型轴向薄壁组织是指轴向薄壁组织不依附于导管周围(图 1-5)，有以下几种排列方式：

(1)星散状

横切面上单个的轴向薄壁细胞，不规则分布于其他组织的细胞之间，如光皮桦等。

(2)星散-聚合状

横切面上，轴向薄壁组织于木射线之间聚集成短的弦线，如大多数壳斗科、木麻黄属、核桃属等树种。

(3)离管带状

横切面上，轴向薄壁组织聚集成较长的同心圆状，或略与生长轮平行的线或带，如黄檀、榕树等。

(4)轮界状

在横切面上轮界线处，轴向薄壁组织沿生长轮分布，单独或形成不同宽度的连续浅色的细线。根据轴向薄壁组织存在的部位不同，又分为轮始状和轮末状。轮始状是指轴向薄壁细胞存在于生长轮起点，如枫杨、柚木、黄杞等。轮末状是指轴向薄壁细胞存在于生长轮终点，如木兰科、杨属等树种。

(5)网状

横切面上，聚集成短弦状或带状的轴向薄壁组织之间的距离，与木射线之间的距离基本相等，相互交织成网状，如柿树、山核桃等。

(6)梯状

横切面上，聚集呈短弦状或带状的薄壁组织之间的距离，明显比木射线之间的距离窄。

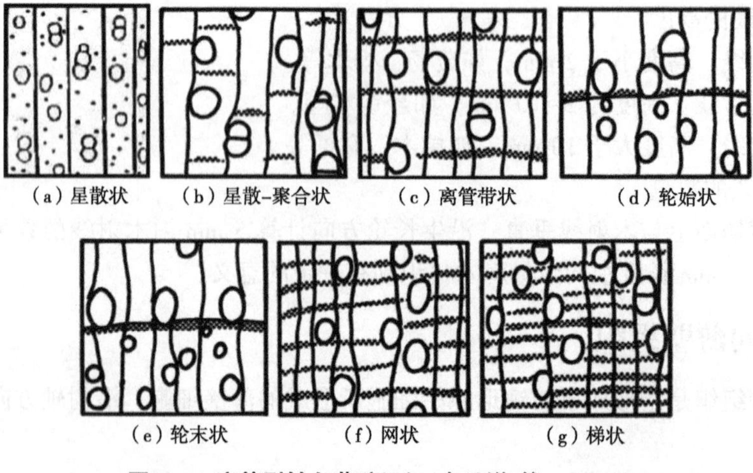

图 1-5 离管型轴向薄壁组织(岛地谦 等，1985)

1.1.6.2　傍管型轴向薄壁组织

傍管型轴向薄壁组织是指排列在导管周围，将导管的一部分或全部围住，并且沿发达的一侧展开的轴向薄壁组织(图1-6)，有以下几种排列方式：

(1)稀疏环管状

围绕在导管周围的轴向薄壁组织未形成完全的鞘，或星散分布于导管的周围，如胡桃科及樟科树种、枫杨、七叶树等。

(2)单侧傍管状(帽状)

轴向薄壁组织仅聚集于导管的外侧或内侧，如枣树等。

(3)环管束状

轴向薄壁组织围绕在导管周围，形成一定宽度的鞘，在木材横切面上呈圆形或卵圆形，如白蜡、合欢等。

(4)翼状

轴向薄壁组织围绕在导管周围并向两侧呈翼状展开，在木材横切面上的形似鸟翼状或眼状，如合欢、臭椿、泡桐、苦楝等。

(5)聚翼状

翼状轴向薄壁组织互相连接成不规则的弦向或斜向带，如梧桐、铁刀木、皂荚等。

(6)傍管带状

在横切面上，轴向薄壁组织聚集成同心圆状的线或带，导管被包围在其中，如花榈木、榕树等。带状薄壁组织有时很难区分傍管带状与离管带状，此时统称为带状。

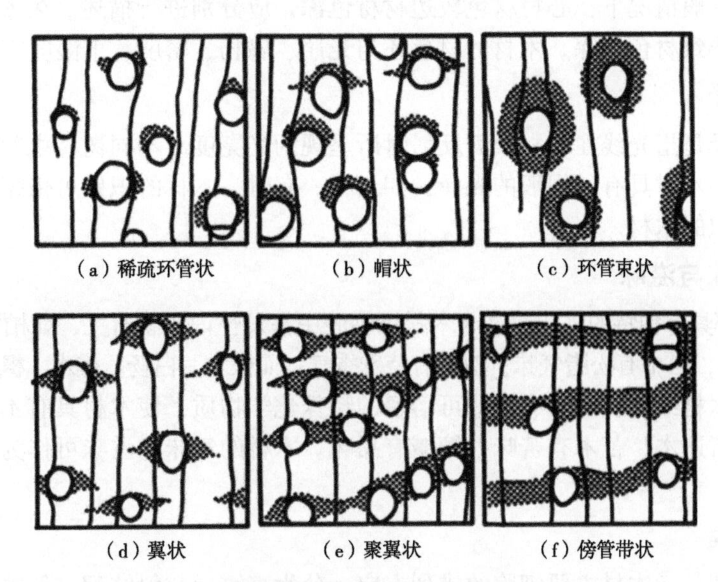

图1-6　傍管型轴向薄壁组织(岛地谦 等，1985)

阔叶树材中有的树种仅有一种类型的轴向薄壁组织，有的树种具有两种或两种以上的轴向薄壁组织，但在每一种树种中的分布情况具有一定规律，如黄檀轴向薄壁组织有傍管型翼状、聚翼状，离管型带状、轮界状。

1.1.7　胞间道

胞间道又称为细胞间隙道，是由薄壁的分泌细胞所围成的长形细胞间隙。胞间道无管壁，而是由周边的分泌细胞所围成，因此这些细胞也称为泌周细胞。胞间道分为树脂道与树胶道。

①树脂道：分泌细胞分泌树脂、储藏树脂的胞间道，存在于部分针叶树材中，如松属等树种。

②树胶道：分泌细胞分泌树胶、储藏树胶的胞间道，存在于部分阔叶树材中，如漆树科树种等。

胞间道有轴(纵)向和径(横)向之分，轴向胞间道沿树轴方向延伸；径向胞间道存在于木射线中，沿树干横断面径向延伸。有的树种只有一种胞间道；有的树种则两种都有，纵横胞间道在树木中相交形成网络结构。

有些没有正常胞间道的树种，会有创伤胞间道，这种胞间道是树木生长过程中受气候、损伤或生物侵害等影响而形成的。

1.1.8　木材的其他特征

1.1.8.1　材色

木材的材色是识别木材的特征之一，如乌木为黑色；圆柏、红豆杉、香椿、桃花心木等为红色或红褐色；黄柳、黄连木、桑树为黄色或黄褐色；木兰科木材心材为绿黄色，边材为黄白色。一般情况下，心材材色较边材材色深，应分别进行描述。久置于空气中的木材，常因氧化导致材色加深。木材的材色还与光照、腐朽、密度、干湿度等有关。

1.1.8.2　光泽

木材的光泽是指光线在木材表面反射时所呈现的光亮度。不同树种之间光泽的强弱不同，有些树种的木材具有丝绢般的光泽，如云杉。有时，木材的识别可依据光泽强弱来区分外观特征相似的木材。

1.1.8.3　气味与滋味

很多木材都具有独特的气味，这与木材细胞腔中挥发性内含物有关，如柏木有柏木香气，香樟有樟脑气味，松木有松脂气味，檀香有特殊香气；而椴木、白杨、桦木、枫香无气味。

有些树种木材细胞腔内具有一些可溶解的特殊化学物质，使木材具有不同的滋味，如栎木有涩味，黄连木、苦木有苦味，糖槭有甜味。木材的气味和滋味可作为识别木材的辅助特征。

1.1.8.4　纹理

木材的纹理是指木材主要细胞的排列方向，分为直纹理与斜纹理。斜纹理又分为螺旋纹理、交错纹理、波浪纹理、皱状纹理、圆锥形纹理。木材的各种纹理，对于木材识别具有一定的帮助。

1.1.8.5　结构

木材的结构是指组成木材的各种细胞的大小与差异程度。木材组成细胞平均弦向直径大的居多，称为粗结构，如板栗、泡桐等；组成细胞平均弦向直径小的居多，称为细结构，如黄杨木、圆柏等。

针叶树材晚材带窄，早晚材渐变的结构细，称为细结构，如侧柏等；晚材带较宽，早晚材急变的结构粗，称为粗结构，如落叶松等。阔叶树材中组成木材的细胞大小变化不大的，称为均匀结构，如椴木、黄杨木等；组成木材的细胞大小变化大的，称为不均匀结构，如麻栎、椿木等。阔叶树材环孔材多为不均匀结构，散孔材多为均匀结构。

1.1.8.6　花纹

木材的花纹是指木材由于结构、纹理、生长轮、木射线等构造特征及其他因素而产生的各种图案，主要有 V 形花纹、银光花纹、鱼骨花纹、鸟眼花纹、树瘤花纹、虎皮花纹、带状花纹等。

1.1.8.7　髓斑

髓斑是指存在于木材中非正常的薄壁组织束(多由受伤所引起的)，在横切面呈现为褐色弯月状斑点，在纵切面上呈深色条纹，常见于色木、柏木、桦木、樱属等。

1.1.8.8　材表

木材的材表是指原木剥去树皮后的木材表面，是木材的第一个弦切面。材表的形态有平滑、槽棱、棱条、网纹、灯纱纹、波痕、尖刺等，对原木识别有一定的帮助。

1.2　针叶树材构造

针叶树材与阔叶树材的木材构造有着明显的不同。与阔叶树材相比，针叶树材的组成分子比较简单。纵向组分包括轴向管胞、少量轴向薄壁组织、轴向树脂道，横向组分(水平方向)包括木射线、横向树脂道。其中，轴向管胞与木射线是针叶树材都具有的组分，轴向薄壁组织与树脂道只是部分树种具有，针叶树材的细胞种类见表 1-1 及图 1-7。

表 1-1　针叶树材细胞

细胞种类	轴向细胞	横向细胞
厚壁细胞	轴向管胞	射线管胞
薄壁细胞	轴向薄壁细胞	射线薄壁细胞
	轴向泌脂细胞	横向泌脂细胞

1.2.1　轴向管胞

针叶树材的管胞有三种，占主导地位的是一种中空而细长，两端胞壁不具穿孔，胞壁上具纹孔，轴向排列的厚壁锐端细胞，称为轴向管胞；另外两种管胞是索状管胞和树脂管胞。索状管胞是一种非锐端厚壁细胞，形体短，长矩形，细胞径壁和两端壁都有具缘纹孔，腔内不含树脂；因其组织不固定，对木材识别没有帮助。树脂管胞是轴向管胞中有树脂沉积，常出现于心材部位，是南洋杉科树种的特征。

轴向管胞是组成针叶树材的主要细胞，约占针叶树材总体积的 90%以上，在树木中的

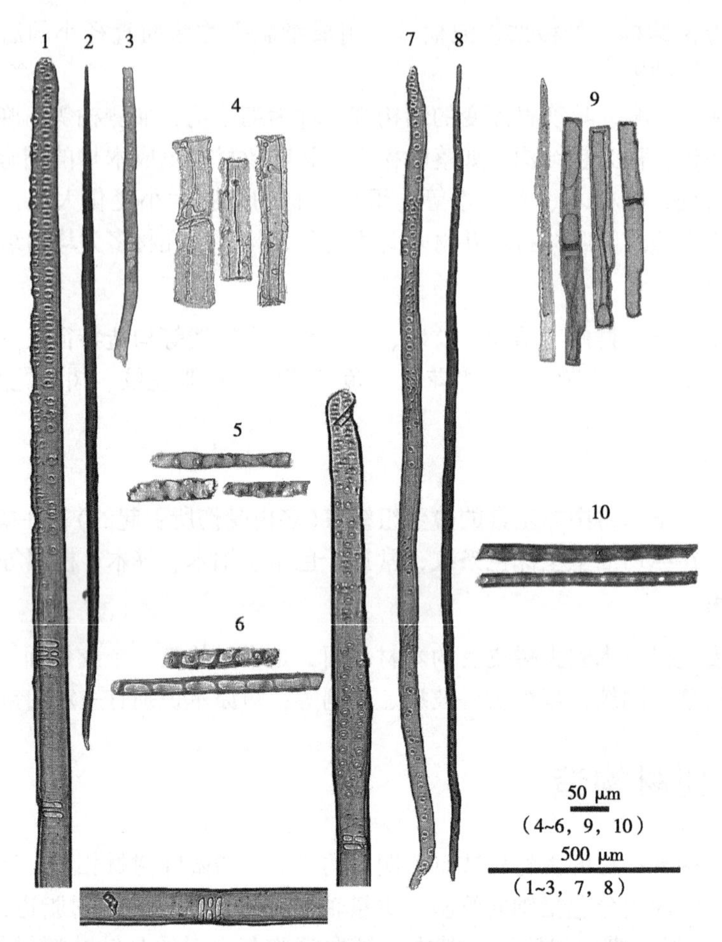

1~6：赤松 7~10：柳杉
1、7—早材管胞；2、8—晚材管胞；3—索状管胞；4—泌脂细胞（轴向树脂道）；
5—射线管胞；6—射线薄壁细胞；9—轴向薄壁细胞；10—射线薄壁细胞。

图 1-7 针叶树材细胞形态模式图(日本木材学会，2011)

作用是输导水分和强固树体(机械支撑作用)。轴向管胞分为早材管胞与晚材管胞，早材管胞腔大而壁薄，两端钝楔形；晚材管胞腔小而壁厚，两端锐楔形。

轴向管胞沿径向规则的排列，在三切面的形态各不相同。在横切面观察，管胞的形状有六边形、多角形、四边形、圆形等。早材管胞多呈六边形；晚材管胞多呈四边形，胞壁厚，形状扁平。一个年轮中，管胞壁厚从年轮开始处至年轮末端呈增加趋势，年轮末端及晚材的最后几排细胞的胞壁最厚。在纵切面观察，轴向管胞的侧壁显示出轴向管胞是细长的锐端细胞，早材管胞两端较钝，而晚材管胞两端较尖，胞壁上均有具缘纹孔。

轴向管胞的长度在树种间变化较大，南洋杉科及柏科杉木属树种的轴向管胞一般较长，如南洋杉(*Araucaria cuninghamii*)可达 11 mm；柏科树种的轴向管胞则较短，如杜松(*Juniperus rigida*)仅为 1.1 mm。大多数针叶树材轴向管胞的平均长度为 3~5 mm，通常晚材管胞的长度大于早材管胞的长度。管胞的直径分为弦向直径和径向直径；径向直径从早材到晚材逐渐减小；弦向直径变化不大或有时早材管胞略大于晚材管胞，但不明显。轴向管胞的平均弦向直径为 15~80 μm。

轴向管胞是针叶树材最重要的组成分子，它的形态、大小、早晚材之间的过渡都是木材识别的主要特征。

轴向管胞壁上的特征主要有纹孔、眉条、螺纹加厚。

(1)纹孔

早材管胞壁上的具缘纹孔以径面壁为多，主要分布于管胞的两端，纹孔大，通常1~2列，但2列以上者较少，纹孔呈圆形(多数针叶树材)[图1-8(a)]；弦面壁上的纹孔少或无，而且小。晚材管胞的径面、弦面壁上均有纹孔，但弦面壁上的纹孔少而小，通常1列，纹孔内口常呈透镜形、椭圆形和裂隙形等。轴向管胞壁上具缘纹孔的纹孔塞一般为圆形，但雪松属的纹孔塞曲折呈蛤壳状，称为雪松型纹孔，为雪松属的特征。另外，铁杉属的轴向管胞壁上具缘纹孔的纹孔膜边缘上具极细至颇粗的放射状线条，称为铁杉型纹孔，是铁杉属的特征。轴向管胞壁上纹孔的大小、分布、形态，特别是轴向管胞与射线薄壁细胞之间纹孔对类型，对针叶树材的识别与鉴定极为重要。

(2)眉条

眉条是指针叶树材轴向管胞径面壁上具缘纹孔对的上下边缘，由胞间层和初生壁形成的线条状或半月状的加厚部分，其形似眼眉，主要起到加固初生纹孔场刚性的作用。眉条在某些针叶树材中常见，如松属、云杉、侧柏等；而在落叶松、罗汉松、油松等中则极为显著。但眉条的有无对识别木材意义不大。

(3)螺纹加厚

螺纹加厚是指木材细胞次生壁上的局部加厚呈螺旋状的排列。对于针叶树材而言，螺纹加厚并非所有树种的管胞壁上都有，云杉属、黄杉属、银杉属、紫杉属、三尖杉属、穗花杉、榧属等树种的管胞壁上均有螺纹加厚，但其分布有区别[图1-8(b)(c)]。紫杉属的螺纹加厚分布于早、晚管胞，黄杉属的螺纹加厚主要分布在早材管胞，而落叶松属只有在晚材管胞中有时可见到螺纹加厚。云杉属中大部分树种的管胞具螺纹加厚，但比较纤细，有时不明显，螺纹倾斜角度很平缓。榧属、穗花杉属的管胞上螺纹加厚明显且成对排列，这些对于木材的识别都有一定意义。

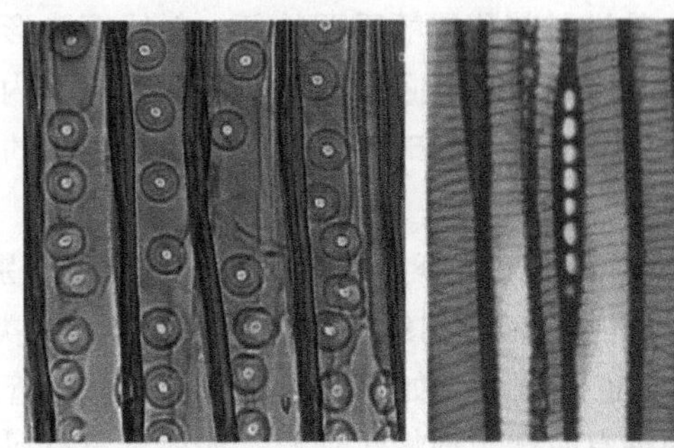

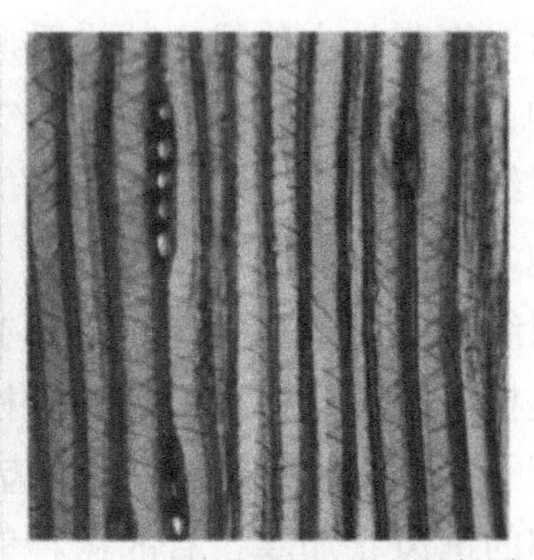

(a) 松属木材径面壁上的具缘纹孔　(b) 北美黄杉管胞壁上的螺纹加厚 (R.Bruce Hoadley，1990)　(c) 红豆杉管胞壁上的螺纹加厚 (R.Bruce Hoadley，1990)

图1-8　管胞壁上的纹孔与螺纹加厚

螺纹裂隙是有些应压木的轴向管胞在生长应力的作用下，管胞内壁产生螺旋状裂隙，主要发生于松属、雪松属、侧柏属等树种的应压木中。螺纹裂隙容易与螺纹加厚混同，两者的区别在于螺纹加厚仅限于胞壁内层，而螺纹裂隙往往穿透次生壁直至复合胞间层；与螺纹加厚相比，通常螺纹裂隙倾斜度大，螺纹间距不等。

1.2.2　木射线

木射线存在于所有针叶树材中，但含量只占木材总体积的7%左右。显微镜下观察，针叶树材木射线都由横卧细胞(细胞长轴为水平方向)组成，呈辐射状。针叶树材木射线中薄壁细胞占大多数，这种构成木射线的单个薄壁细胞被称为射线薄壁细胞。有些树种的木射线中也具有厚壁细胞，被称为射线管胞。射线管胞是木材中的横向厚壁细胞，存在于松属、云杉属、落叶松属、雪松属、银杉属、黄杉属等树种中。此外，在某些树种(具横向树脂道)中，木射线中含有泌脂细胞。

1.2.2.1　木射线的种类

在弦切面上观察，针叶树材的木射线根据形态不同，可分为以下两种类型：

(1)单列木射线

通常只有1个细胞宽(偶见2个)，在弦切面上只有1列细胞，大多数针叶树材木射线几乎都是单列木射线。

(2)纺锤形木射线

针叶树材中横向树脂道在木射线中形成，由于横向树脂道的存在，弦切面上具横向树脂道的木射线呈纺锤形，故称纺锤形木射线。纺锤形木射线常见于具有横向树脂道的树种，如松属、云杉属、落叶松属、银杉属和黄杉属等树种。但有些树种如苏铁科、麻黄科、买麻藤科的树种，它们的纺锤形木射线是由多列射线形成。

1.2.2.2　木射线的组成

针叶树材的木射线主要由射线薄壁细胞组成，但前述的松科等树种的木射线中又常具有射线管胞。针叶树材的个体射线有的全部是由射线薄壁细胞或射线管胞组成，有的是由射线薄壁细胞和射线管胞共同组成，如松属硬松类的低木射线完全由射线管胞组成。

(1)射线管胞

射线管胞是木射线中的横卧厚壁细胞，是松科部分属的重要特征。射线管胞形状大多不规则，长度仅为轴向管胞的1/30；细胞壁上具有具缘纹孔，但小而少；细胞腔内不含树脂。射线管胞多出现于个体射线的上下边缘，1~2列；有时也出现在木射线中部的射线薄壁细胞之间。

射线管胞内壁是平滑还是具锯齿状加厚及齿的大小等，是针叶树材重要的识别特征，特别是松科树种。松科松属的软松类(红松、华山松等)射线管胞内壁平滑，硬松类(马尾松、樟子松)射线管胞内壁有锯齿状加厚。但也有例外，如软松类的白皮松射线管胞内壁有纤细的锯齿状加厚；有的树种射线管胞内壁有时会出现螺纹加厚，如松科黄杉属、云杉属、落叶松属的部分树种。

(2)射线薄壁细胞

射线薄壁细胞是组成针叶树材木射线的主体，其形体较大，为矩形、长方形或略不规则形；壁薄，具单纹孔；胞腔内常含有树脂。射线薄壁细胞与射线管胞之间的纹孔对为半具缘纹孔对。

射线薄壁细胞水平壁的厚度及有无纹孔，是识别木材的依据之一。松科的冷杉属、落叶松属、铁杉属、雪松属、油杉属等树种的射线薄壁细胞的水平壁上，具显著的单纹孔，在晚材部分最易观察；但南洋杉科、红豆杉科、罗汉松科和柏科的射线薄壁细胞的水平壁上，则无显著的单纹孔。若射线薄壁细胞水平壁厚度大于或等于管胞壁，则水平壁厚，反之则薄。水平壁薄是南洋杉科、罗汉松科及柏科少数属的特征；而在松科的冷杉属、雪松属、油杉属等树种中，射线薄壁细胞的水平壁较厚。

射线薄壁细胞端壁(垂直壁)有平滑和肥厚之分，如松属、侧柏属、银杏等树种均为平滑的；而云杉属、冷杉属、落叶松属、铁杉属等树种均为肥厚的。端壁具节状加厚(单纹孔)也是识别木材的特征之一，如松科松属的软松类、柏科刺柏属及翠柏属的部分树种，均具节状加厚。

1.2.2.3 交叉场纹孔

交叉场是指在径切面上射线薄壁细胞与轴向管胞相交的区域，一般指早材部分。分布在交叉场区域内的纹孔，称为交叉场纹孔。交叉场纹孔的形状、数目对木材识别和分类均具重要意义，是针叶树材重要的识别特征之一。交叉场纹孔可分为五种类型：窗格状、松木型、杉木型、柏木型和云杉型。

(1)窗格状

单纹孔或近似单纹孔，形状大，呈窗格状。每个交叉场内1~3个纹孔，是很多松属树种的特征，如马尾松、樟子松、云南松等[图1-9(a)]。

(2)松木型

较窗格状纹孔小，单纹孔或具狭窄的纹孔缘，无一定形状。具狭缘时，与杉木型相似，但其纹孔口的两端较尖，纹孔的大小不一；每个交叉场1~6个纹孔。常见于松属树种，如白皮松、美国南方松都是松木型[图1-9(b)(c)]。

(3)杉木型

卵圆至圆形的内含纹孔，纹孔口较柏木型大、宽，长轴与纹孔缘一致。每个交叉场3~5个纹孔，是杉木属多数树种所具有的特征。罗汉松科、冷杉属及雪松属树种中，杉木型常与其主要类型纹孔同时存在[图1-9(d)]。

(4)柏木型

纹孔口内含，较云杉型稍宽；纹孔口长轴随位置而变，从垂直位置到水平；每个交叉场1~4个纹孔，是柏科树种的主要特征，而雪松属、铁杉属及油杉属树种中也存在[图1-9(e)]。

(5)云杉型

具狭窄而稍外延或内涵的纹孔口，形状小；每个交叉场内有1~3个纹孔，是云杉属、落叶松属、黄杉属和粗榧属树种典型而明显的特征。在南洋杉科、罗汉松科、柏科杉属及松科雪松属等树种中，有时云杉型与其主要类型纹孔同时出现[图1-9(f)]。

在弦切面上，针叶树材射线细胞多呈圆形、卵圆形或近圆形。木射线的高度通常以弦切面上的细胞个数或将整个高度以毫米计量。针叶树材木射线一般不高，平均为10~15个细胞高，在树种间变异较明显，如水杉的木射线高度可达60个细胞；而柳杉的木射线只有几个细胞高。

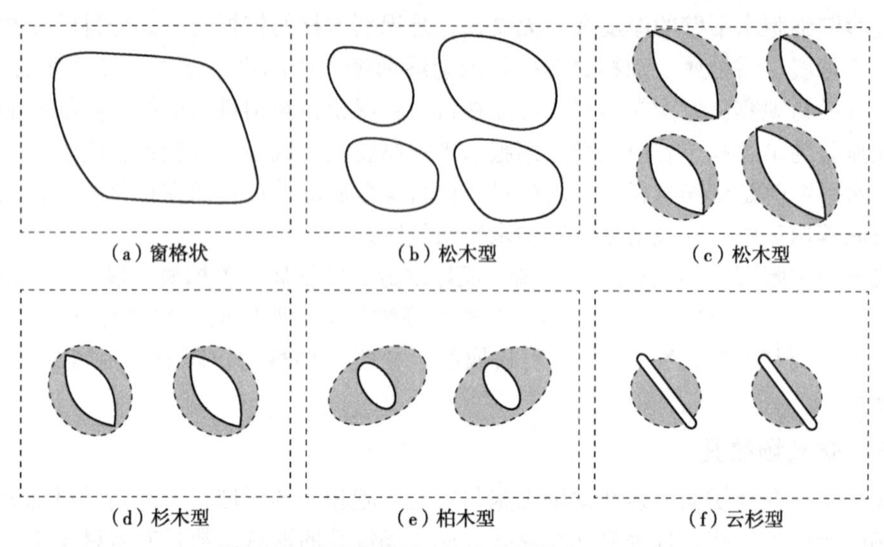

图 1-9　交叉场纹孔(日本木材学会, 2011)

1.2.3　树脂道

树脂道即针叶树材中的胞间道，占针叶树材体积很少，只有 0.1%~0.7%，却是针叶树材的重要构造之一，对针叶树材识别与利用都很重要。树脂道按方向分为轴向树脂道[图 1-10(b)、图 1-11(a)]与横向树脂道[图 1-10(c)、图 1-11(b)]；按形成方式分为正常树脂道和创伤树脂道。针叶树材中正常树脂道仅存在于松科六属中；创伤树脂道除松科六属外，也会在松科雪松属、冷杉属、铁杉属及柏科杉属的北美红杉等树种中存成。

(1) 正常树脂道

松科的松属、云杉属、落叶松属、黄杉属、银杉属既有轴向树脂道，也有横向树脂道，而油杉属中只有轴向树脂道。

正常的轴向树脂道在横切面上多数位于生长轮中晚材带及早晚材交界处，直径小；通常单独存在或 2~3 个连成短弦列。正常的横向树脂道存在于木射线中。

树脂道是由活的薄壁细胞相互分离而形成，这种由于细胞相互分离而形成的胞间隙，称为裂生胞间隙。围绕而形成胞间隙的薄壁细胞称为分泌细胞，其中充满浓厚的原生质体，并向其间隙中分泌树脂，这种分泌细胞称为泌脂细胞，其中的间隙称为树脂道腔。

在显微镜下观察，完整的树脂道包括树脂道腔及其周边的泌脂细胞层、死细胞层、伴生薄壁细胞层及管胞[图 1-10(b)(c)]。泌脂细胞层在最里层，中间为死细胞层，再者是伴生薄壁细胞层，最外是管胞。泌脂细胞是可分泌树脂、富有弹性的纤维质薄壁细胞，有一到数层(树种间变异)。死细胞层中充满空气和水分，是泌脂细胞所需要的水分和气体交换的主要通道。

通常情况下，树脂道腔中都充满树脂，泌脂细胞被压得扁平。取脂时松脂外流，树脂道腔内压力减小，富有弹性的泌脂细胞就会向腔内伸展，把树脂道腔局部或全部堵塞住，形成拟侵填体[图 1-10(a)]。

针叶树材中，轴向树脂道与横向树脂道相互交叉，共同在树干中构成一个完整的三维

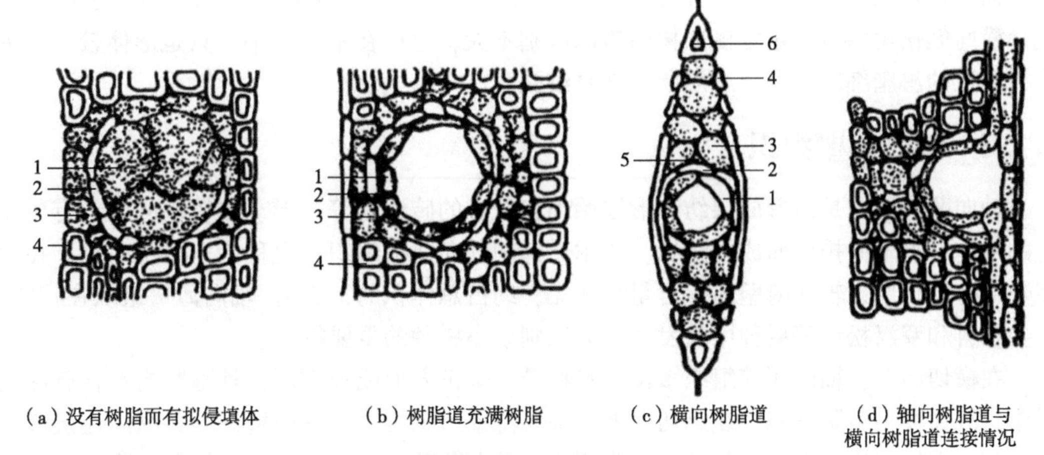

(a) 没有树脂而有拟侵填体　(b) 树脂道充满树脂　(c) 横向树脂道　(d) 轴向树脂道与横向树脂道连接情况

1—泌脂细胞；2—死细胞；3—伴生薄壁细胞；4—管胞；5—细胞间隙；6—射线管胞。

图1-10　树脂道(申宗圻 等，1983)

网状树脂道体系[图1-10(d)]。

松科六属中树脂道的大小、分布、形状及泌脂细胞壁的厚度在属间变异，通常松属的泌脂细胞壁薄(1.5~2.5 μm)，分泌能力较强。云杉属、落叶松属、黄杉属、银杉属、油杉属树脂道的泌脂细胞壁厚(2.5~3.0 μm)。轴向树脂道的直径常为60~130 μm，松属的树脂道最大也最多，落叶松属、云杉属、黄杉属、银杉属的次之，油杉属的树脂道最小。轴向树脂道的长度一般为10~80 cm，最长的可达100 cm，平均长度50 cm。

(2)创伤树脂道

针叶树材在受到任何影响树木正常生长的情况时，就有可能产生创伤树脂道[图1-11(c)]。创伤树脂道可能产生于无正常树脂道的树种中，如松科雪松属、冷杉属、铁杉属等和柏科水杉属、红杉属等的某些树种，也可能产生于具正常树脂道的松科六属中。

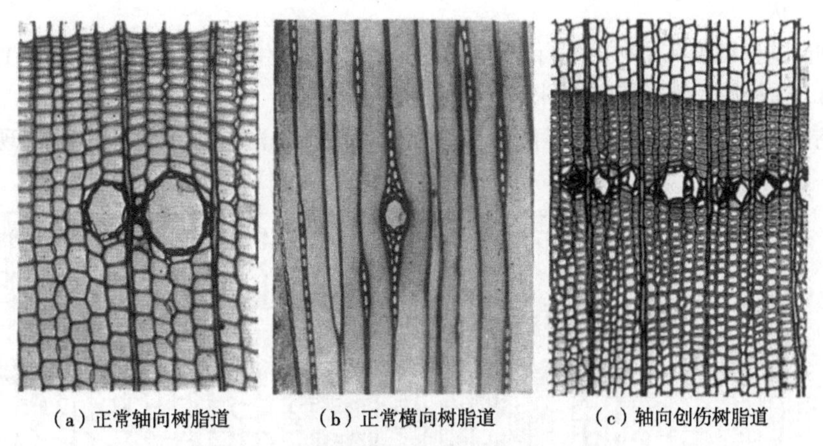

(a) 正常轴向树脂道　(b) 正常横向树脂道　(c) 轴向创伤树脂道

图1-11　树脂道对比(岛地谦 等，1985)

创伤树脂道也分为轴向和横向两种，但除雪松外，很少有两种创伤树脂道同时存在于同一棵树种中的。轴向创伤树脂道与正常轴向树脂道不同，在横切面上一般分布在生长轮的早材带或生长轮开始的部位，形体大，形状不规则，沿着生长轮方向连成一条长的弦列；而正常轴向树脂道通常单独存在或 2～3 个呈短弦列，大多位于晚材带及早晚材交界处。横向创伤树脂道与正常横向树脂道的区别不大，也存在木射线中，只是形体较大；创伤树脂道的泌脂细胞壁厚，木质化，常具纹孔。

1.2.4　轴向薄壁组织

轴向薄壁组织是由形成层纺锤形原始细胞分生的砖形或等径形、比较短的且具有单纹孔的细胞，沿轴向排列而成的组织。在木质部的轴向薄壁组织，也称为木薄壁组织。在大多数针叶树材中，轴向薄壁组织含量少或无，约占总体积的 1.5%。轴向薄壁组织在柏科、三尖杉科和罗汉松科等树种中较发达，为识别该类树种的重要特征。

在横切面上，轴向薄壁组织多位于晚材带，呈正方形或长方形；且胞腔内常含有深色树脂，故又称为树脂细胞。在纵切面上，轴向薄壁组织为长方形薄壁细胞，纵向连接成一串，其两端细胞比较尖削。与轴向管胞相比，轴向薄壁细胞壁薄、具单纹孔、形体短、端壁水平。有些树种轴向薄壁细胞端壁因具有单纹孔对常呈珠瘤状突起，对鉴别木材有一定的价值。

针叶树材中，轴向薄壁组织在横切面的分布和排列类型主要有弦向带状(切线状)、星散状、轮界状三种。

(1)弦向带状(切线状)

轴向薄壁细胞聚集形成长短不一，与轮界线略平行的弦(或斜)线，常出现在早晚材过渡区或晚材中[图 1-12(a)]，如柏科翠柏属、扁柏属、柏木属、刺柏属、崖柏属及杉科柳杉属、台湾杉、落羽杉等。

(2)星散状

轴向薄壁细胞在整个生长轮内的管胞间均匀分布[图 1-12(b)]，如三尖杉科及罗汉松科树种、杉木、落羽杉等。

(3)轮界状

单列轴向薄壁细胞在早材第一行或晚材最后一行，沿着生长轮边界分布[图 1-12(c)]，如松科冷杉属、雪松属、铁杉属和柏科北美红杉属等。

针叶树材轴向薄壁组织中，星散状或弦向带状的轴向薄壁组织可能单一出现，或同时出现在同一树种中。

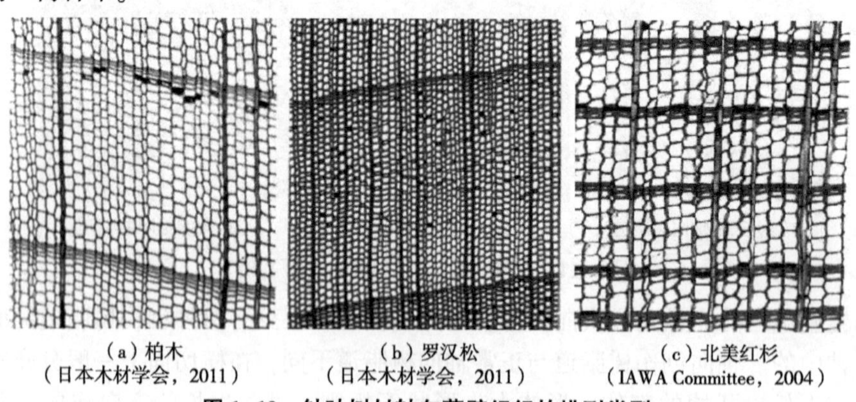

(a) 柏木
(日本木材学会，2011)　(b) 罗汉松
(日本木材学会，2011)　(c) 北美红杉
(IAWA Committee，2004)

图 1-12　针叶树材轴向薄壁组织的排列类型

1.2.5　针叶树材中的晶体

晶体是树木新陈代谢作用的产物，其形态多样，有菱形、柱状、晶砂、针状及簇晶，针叶树材中晶体的主要成分是草酸钙(CaC_2O_4)。针叶树材的晶体比阔叶树材少得多，主要存在于射线薄壁细胞中，轴向薄壁细胞及轴向管胞中也存在。晶体的存在对针叶树材的鉴定有重要作用，如银杏的射线薄壁细胞和轴向薄壁细胞内均含有巨晶(簇晶)，此为银杏的独有特征。云杉属、冷杉属、雪松属、油杉属的射线薄壁细胞中有晶体；金钱松中的晶体很丰富；马尾松、油松、榧树的轴向管胞内具晶体。

1.3　阔叶树材构造

阔叶树材中除少数树种外，都具有导管，这是它与针叶树材最明显的区别，阔叶树材也因此被称为有孔材。与针叶树材相比，阔叶树材的组成细胞种类多，细胞大小差异大，排列不规整，射线率高，轴向薄壁组织丰富，材质不均匀。阔叶树材的组成分子，包括纵向排列的导管、木纤维、轴向薄壁组织、轴向树胶道、阔叶树材管胞；横向排列的木射线、横向树胶道，其中树胶道和阔叶树材管胞只是少数阔叶树种具有。阔叶树材所具有的细胞种类见表1-2及图1-13。

表1-2　阔叶树材细胞

<table>
<tr><th>细胞种类</th><th colspan="2">轴向细胞</th><th>横向细胞</th></tr>
<tr><td rowspan="5">厚壁细胞</td><td colspan="2">导管分子</td><td rowspan="5">—</td></tr>
<tr><td rowspan="2">阔叶树材管胞</td><td>导管状管胞</td></tr>
<tr><td>环管管胞</td></tr>
<tr><td rowspan="2">木材纤维</td><td>韧型纤维</td></tr>
<tr><td>纤维状管胞</td></tr>
<tr><td rowspan="2">薄壁细胞</td><td colspan="2">轴向薄壁细胞</td><td>射线薄壁细胞</td></tr>
<tr><td colspan="2">轴向泌胶细胞</td><td>横向泌胶细胞</td></tr>
</table>

1.3.1　导管

导管是由一连串的轴向细胞沿轴向连接而成的，无一定长度的管状组织，是绝大多数阔叶树材所具有的中空状轴向输导组织，构成导管的单个细胞称为导管分子。在木材横切面上将导管称为管孔。

1.3.1.1　导管分子的形状

导管分子的形状随树种及所在部位而异，常见的有鼓形、圆柱形、矩形及纺锤形(图1-14)。环孔材早材大导管分子多为鼓形，晚材导管分子多为圆柱形或矩形。从侧面观察，大多数导管分子的一端或两端具有类似舌尖的延伸部分。

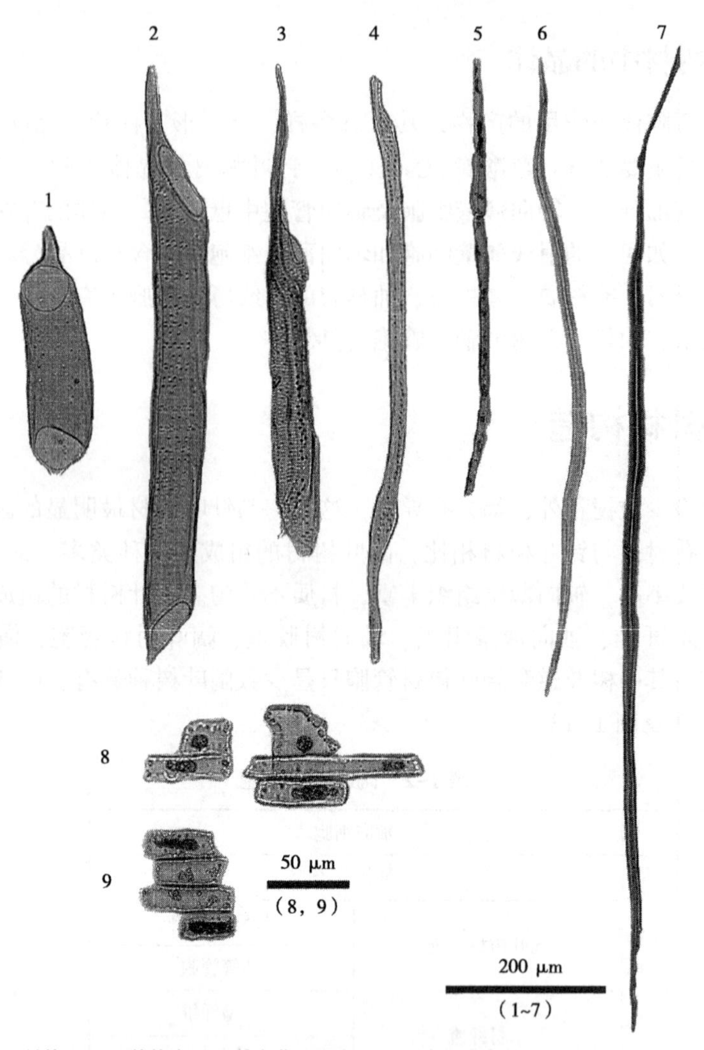

1、2、3—导管；4—环管管胞；5—轴向薄壁细胞；6—纤维状管胞；7—木纤维；8、9—射线细胞。

图 1-13 阔叶树材细胞形态模式图(日本木材学会，2011)

1.3.1.2 导管分子的大小和长度

导管分子的大小以测量弦向直径为准。导管分子的平均弦向直径小于 100 μm 为小，100~200 μm 为中等，大于 200 μm 为大。大管孔在肉眼下明晰，如栎木、栗木等；极小管孔在放大镜下亦不易见，如黄杨等。

导管分子的长度在树种间变异，长度小于 350 μm 为短，350~800 μm 为中等，大于 800 μm 为长。一般环孔材早材导管分子较短，晚材导管分子较长；但散孔材中的导管分子长度一般变化不大。

1.3.1.3 管孔的分布、排列与组合

管孔的分布、排列是阔叶树材的重要识别特征，其内容在宏观构造中已介绍，此处不再复述。在宏观构造中介绍管孔的组合有单管孔、径列复管孔、管孔链、管孔团，在显微镜观察下，复管孔不只有径列的复管孔[图 1-15(a)]，还包含有弦列(切线状)[图 1-15(b)]与斜

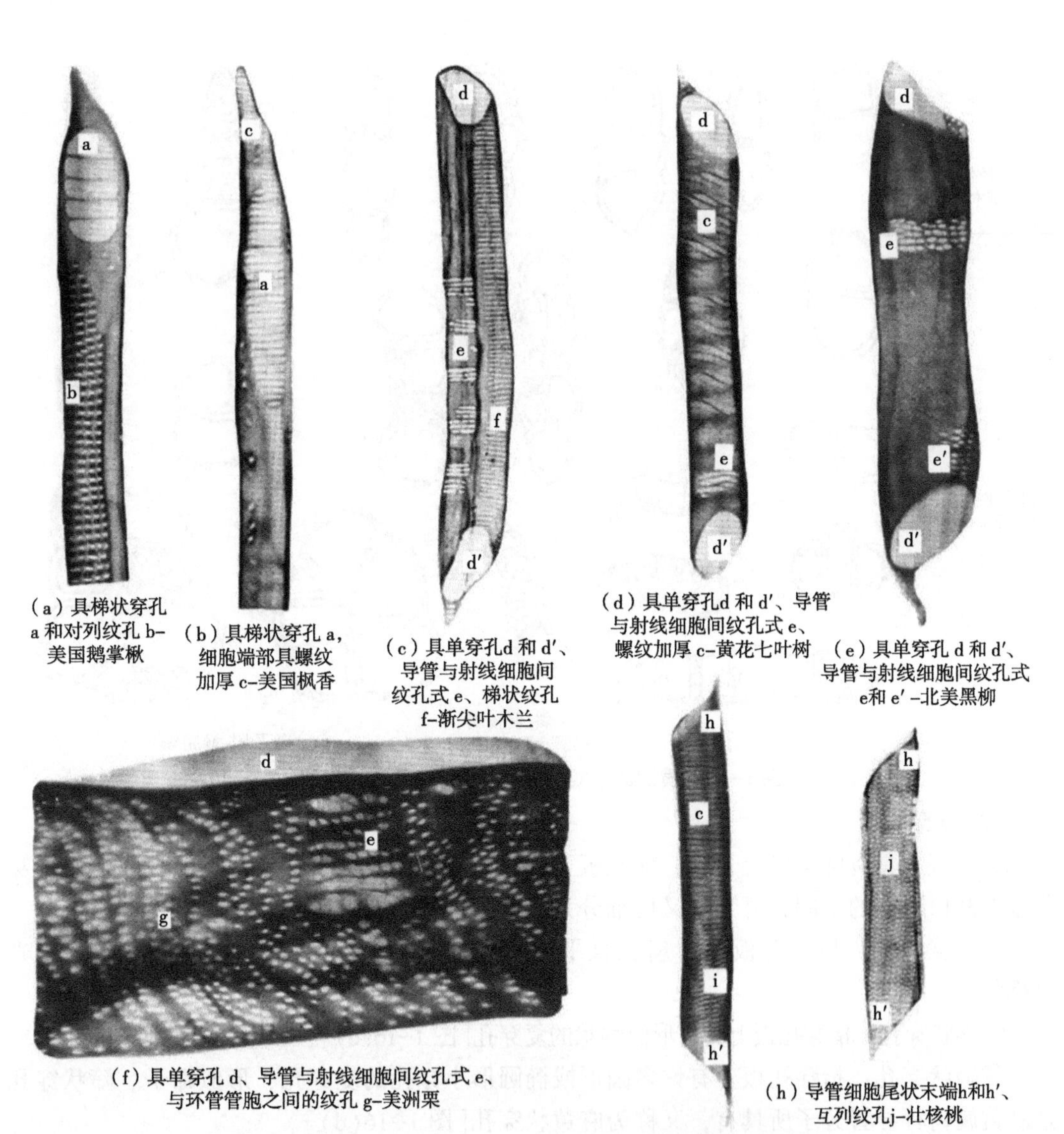

（a）具梯状穿孔a和对列纹孔b-美国鹅掌楸

（b）具梯状穿孔a，细胞端部具螺纹加厚c-美国枫香

（c）具单穿孔d和d′、导管与射线细胞间纹孔式e、梯状纹孔f-渐尖叶木兰

（d）具单穿孔d和d′、导管与射线细胞间纹孔式e、螺纹加厚c-黄花七叶树

（e）具单穿孔d和d′、导管与射线细胞间纹孔式e和e′-北美黑柳

（f）具单穿孔d、导管与射线细胞间纹孔式e、与环管管胞之间的纹孔g-美洲栗

（g）导管细胞尾状末端h和h′、螺纹加厚c、与轴向薄壁细胞之间的纹孔i-银白槭

（h）导管细胞尾状末端h和h′、互列纹孔j-壮核桃

图1-14　阔叶树材导管分子的形状（A. J. Panshin et al.，1980）

列的复管孔[图1-15(c)]，其他三者相同。

1.3.1.4　导管分子的穿孔

导管分子的穿孔是指一个导管分子与另一个导管分子轴向串成导管时，两端相连接部分的开口，即导管分子端壁上的开口。导管分子两端相连接部分的细胞壁称为穿孔板。

导管分子的穿孔分为单穿孔和复穿孔两大类。

(1)单穿孔

穿孔板上有明显的单个大而略圆的开口，大多数阔叶树材导管分子的穿孔类型为单穿孔，如环孔材导管分子的穿孔也主要是单穿孔[图1-16(a)]。

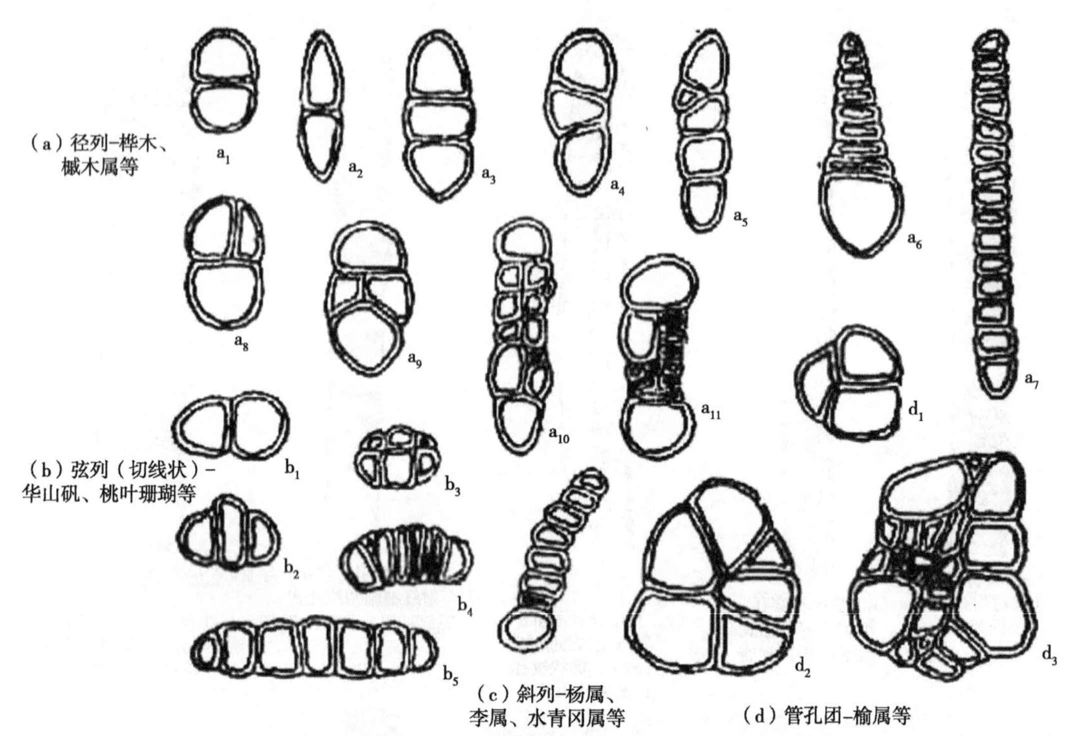

图 1-15 横切面上复管孔的类型(山林暹，1958)

(2)复穿孔

穿孔板上具有两个以上开口，穿孔板上两个相邻开口之间的横隔称为穿孔隔。根据穿孔板上开口形态的不同，复穿孔又可细分为三种类型。

①梯状穿孔：指穿孔板上具扁长且平行排列的复穿孔[图 1-16(b)]，如枫香、光皮桦等。

②网状穿孔：指穿孔板上具有形似网状的复穿孔[图 1-16(c)]，如虎皮楠属、杨梅属等。

③筛状穿孔：指穿孔板上有许多圆形或椭圆形小穿孔的复穿孔，形似筛子。筛状穿孔是麻黄属树种导管分子所具有，又称为麻黄状穿孔[图 1-16(d)]。

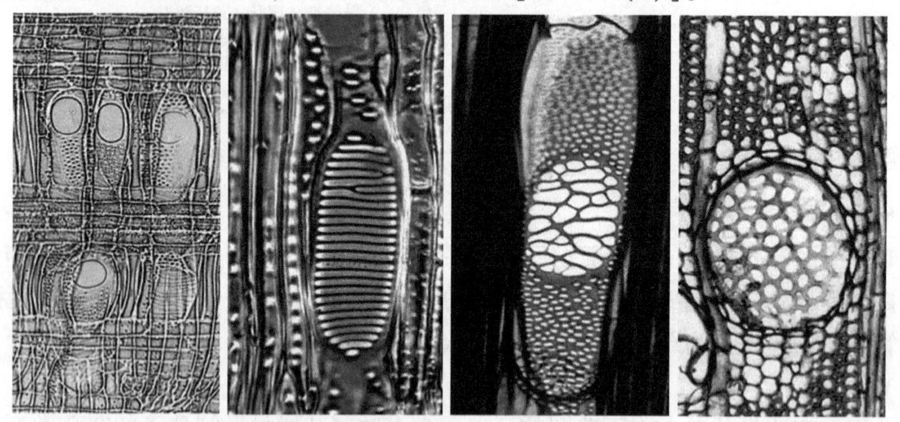

(a) 单穿孔-欧洲七叶木 (b) 梯状穿孔-羽叶省沽油 (c) 网状穿孔-双参木 (d) 筛状穿孔-木蝴蝶

图 1-16 穿孔的类型(IAWA committee，1989)

在同一树种中，有时可以同时具有两种类型的穿孔，如水青冈、香樟、楠木等。

1.3.1.5　导管壁上的纹孔排列

导管与木纤维、阔叶树材管胞、轴向薄壁组织之间的纹孔一般无固定的排列形式；但导管与导管之间，导管与射线薄壁组织之间的纹孔，通常表现出一定的排列规律，是木材鉴定的重要特征之一。

(1)导管间纹孔排列

导管与导管之间纹孔排列形式又称为管间纹孔式，其排列方式有三种。

①互列纹孔：指圆形或多边形纹孔，以上下、左右相互交错的方式排列，阔叶树材管间纹孔式大多为互列纹孔[图1-17(a)]，如檫木、桉树等。

②对列纹孔：指正方形或长方形纹孔，以上下、左右对称的方式排列[图1-17(b)]，如鹅掌楸、拟赤杨等。

③梯状纹孔：指与导管分子长轴成垂直排列的长形纹孔，纹孔的长度几乎与导管分子的直径相等[图1-17(c)]，如木兰、含笑、虎皮楠等。

在阔叶树材的某些树种中，导管壁上的具缘纹孔在纹孔缘及纹孔膜上存在一些突起物，称为附物纹孔，如桉树等。附物纹孔是鉴定阔叶树材树种的特征之一。

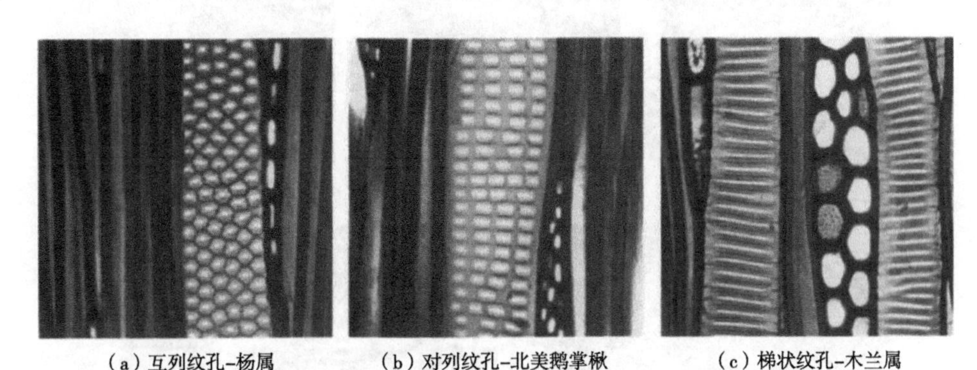

(a) 互列纹孔-杨属　(b) 对列纹孔-北美鹅掌楸　(c) 梯状纹孔-木兰属

图1-17　导管与导管之间纹孔排列的类型(R. Bruce Hoadley，1990)

(2)导管与射线之间的纹孔式

导管与射线薄壁组织之间的纹孔对为半具缘纹孔对，其形状、大小在树种间变异，是鉴定阔叶树材的特征之一，其类型可分为以下几种。

①同管间纹孔式[图1-18(a)(b)]：常见于梧桐科、豆科、茜草科、桦木属、桤木属树种。

②单纹孔[图1-18(c)]：常见于杨柳科树种。

③大圆形[图1-18(d)]：常见于桑科、龙脑香科树种。

④梯状[图1-18(e)]：常见于木兰科木兰属、八角属、含笑属等树种。

⑤刻痕状[图1-18(f)(g)]：分为纵裂刻痕与横列刻痕，多见于壳斗科树种。

⑥大孔状[图1-18(h)]：类似穿孔，常见于兜帽果科草帽果属树种。

⑦单侧复纹孔式[图1-18(i)]：常见于木兰科、樟科树种。

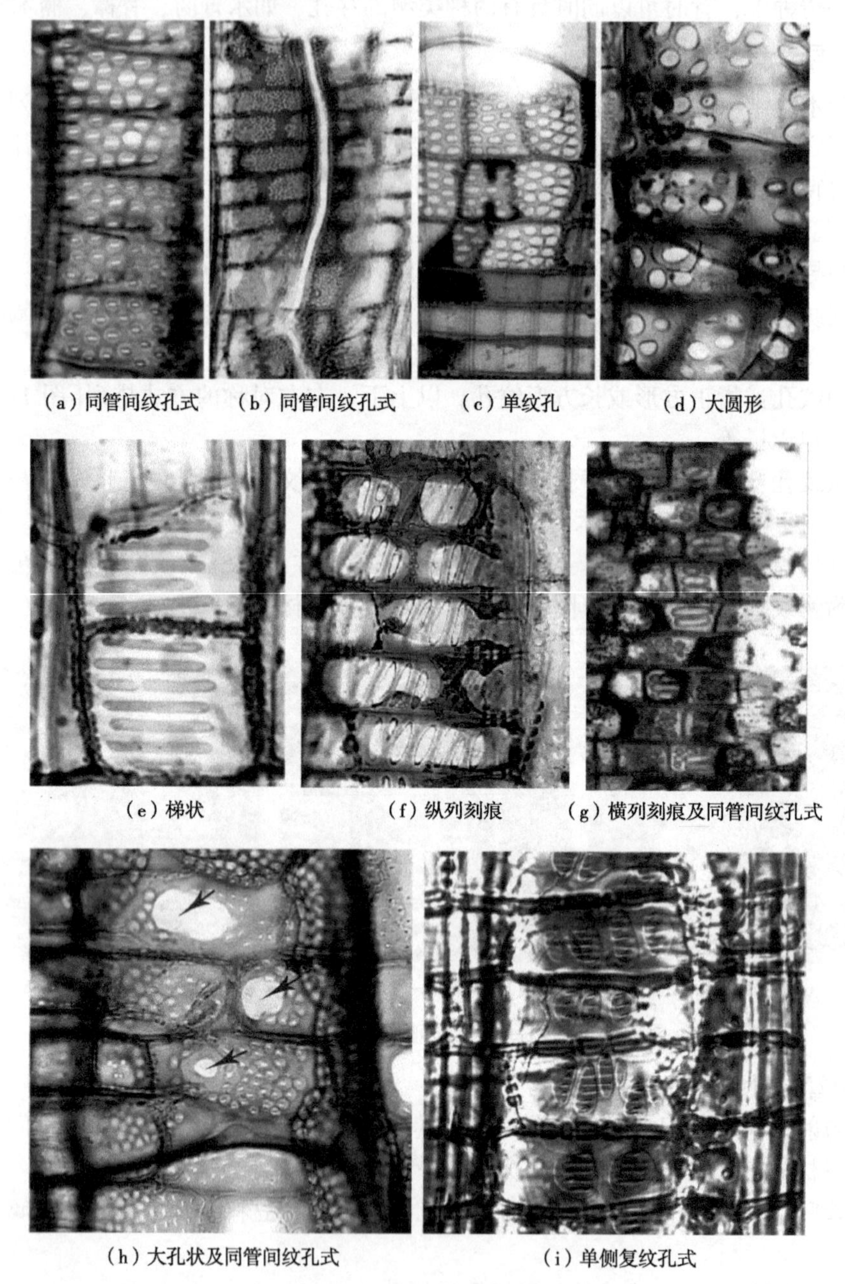

（a）同管间纹孔式　（b）同管间纹孔式　（c）单纹孔　（d）大圆形

（e）梯状　（f）纵列刻痕　（g）横列刻痕及同管间纹孔式

（h）大孔状及同管间纹孔式　（i）单侧复纹孔式

图 1-18　导管-射线间的纹孔式(IAWA committee, 1989)

1.3.1.6　导管壁上的螺纹加厚

某些阔叶树材的导管分子具螺纹加厚，通常散孔材导管分子的螺纹加厚在整个年轮中没有区别，早晚材导管分子都有；而环孔材仅限于晚材导管分子。

有些阔叶树种的螺纹加厚遍及全部导管[图 1-19(a)]，有些树种只是遍及部分导管，还有的阔叶树种的螺纹加厚仅遍及导管分子的舌状梢端[图 1-19(b)]，如枫香、连香。导管壁上螺纹加厚的有无、明显程度、倾斜度、存在部位及螺纹数等，都是识别阔叶树材的重要特征。螺纹加厚明显的树种，主要有柞木属及花楸属树种、槭树、椴树、冬青等。

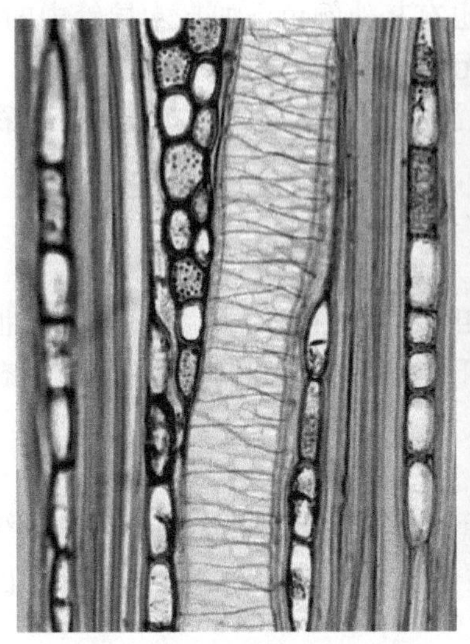

（a）螺纹加厚分布在整个细胞-黑刺李

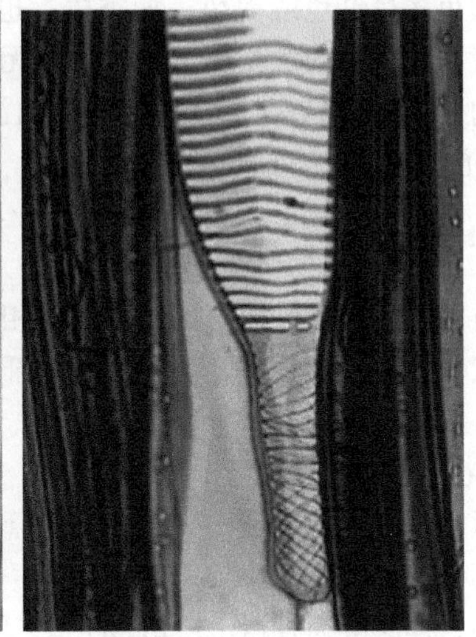

（b）螺纹加厚分布在细胞端部-连香树

图1-19 导管分子壁上的螺纹加厚(IAWA committee，1989)

1.3.1.7 导管的内含物

导管中的内含物主要有侵填体、树胶，以及其他有机与无机沉积物。

(1)侵填体

侵填体是指在一些阔叶树材的心材和边材导管中，来源于邻近的射线或轴向薄壁细胞的一种原生质体长出物，通过导管壁上的纹孔挤入导管腔，形成囊状构造，局部或全部将导管堵塞，常有光泽(图1-20)。侵填体仅发生在与射线薄壁细胞或轴向薄壁细胞相邻的导管中，常见于榆科、山毛榉科、豆科、漆树科、玄参科、紫葳科、桑科等树种，最丰富的如滇楸、檫木、麻栎、刺槐、合欢、皂荚、漆树、樟树、泡桐等。

（a）光学显微镜下的侵填体

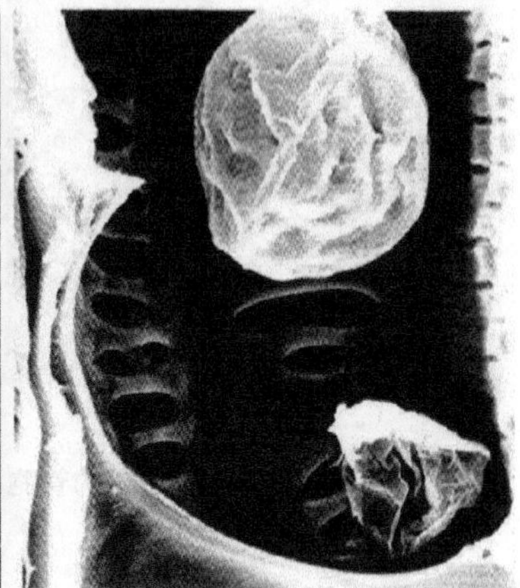

（b）扫描电镜下的侵填体（腰希申，1988）

图1-20 侵填体

(2)树胶及其他内含物

①树胶：是导管内的不规则暗褐色点状或块状物，如楝科及豆科树种、香椿都具有树胶。树胶的颜色多呈红色或褐色，如香椿；也有其他颜色，如乌木导管中的树胶为黑色，黄檗心材导管中的树胶为黄褐色。树胶的有无及颜色也是木材识别的特征之一。

②其他内含物：包括无定形有机物质的沉积物或结晶的无机盐类(碳酸钙、硅酸钙等)，如桃花心木导管中含白色物质。

1.3.2 阔叶树材的管胞

阔叶树材的管胞与针叶树材的轴向管胞相比有很大的不同，其所占比例很少且长度较短。按其形状分为导管状管胞、环管管胞及纤维状管胞。纤维状管胞因其形态及功能与韧型纤维类似，常将其归入木材纤维。

(1)导管状管胞(维管管胞)

形状类似、较原始而构造不完全的小导管，但其不具穿孔，两端以具缘纹孔相接。导管状管胞多见于晚材，常与小导管混在一起；并常具螺纹加厚，起到输导功能；常见于榆科榆属、朴属、榉属等树种[图 1-21(a)]。

(2)环管管胞

位于环孔材大导管的周围，由于受大导管的挤压，多呈扁平状，形状不规则，大部分略带扭曲，形似短的纤维细胞，平均长度为 500~700 μm，具明显的具缘纹孔；常见于栗属、栎属、黄檗等树种[图 1-21(b)]。

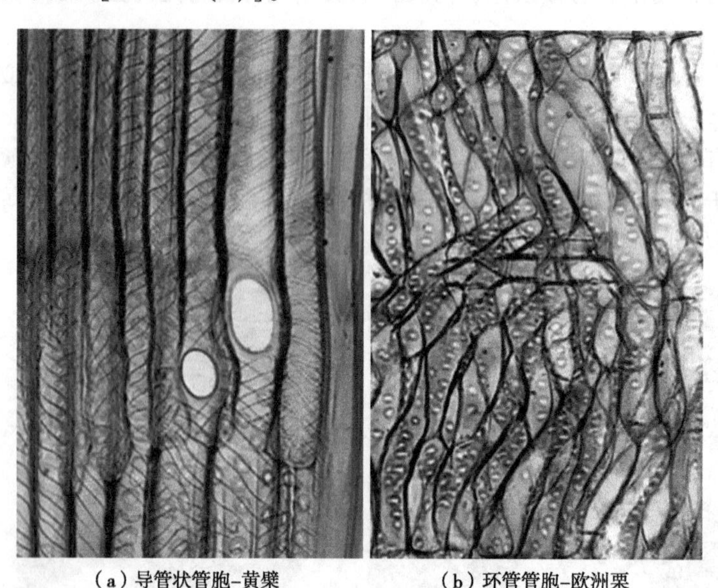

(a) 导管状管胞-黄檗　　(b) 环管管胞-欧洲栗

图 1-21　阔叶树材的管胞(IAWA committee, 1989)

1.3.3 木材纤维

木材纤维是两端尖锐、细长而壁厚的细胞，是阔叶树材重要的组成分子，通常占木材总体积50%以上。正常的木材纤维包括韧型纤维和纤维状管胞，这两种细胞可单独存在，也可共同存在于同一树种中。部分树种中还有一些非正常的木材纤维，如分隔木纤维(隔膜木纤维)与胶质木纤维。木材纤维在树木中的功能是支撑树体，同时也为木材提供强度。

(1)韧型纤维

一种细长纺锤形、末端略尖削偶呈锯齿状或分歧状，胞壁较厚胞腔窄，具单纹孔，通常不具螺纹加厚的细胞[图1-22(a)]。

(2)纤维状管胞

一种两端尖削，胞壁较厚，胞腔狭小；胞壁具小具缘纹孔，且纹孔口呈透镜状至裂隙状常外延的细胞。纤维状管胞通常次生壁内层平滑，间或有螺纹加厚，如黄檗、女贞、冬青等[图1-22(b)]。

(3)分隔木纤维

胞腔具有横隔壁的木材纤维，横隔壁很薄一般不具纹孔，常见于楝科树种及刺楸、核桃、黄檀、柚木、栾树、女贞等[图1-22(c)]。

(4)胶质木纤维

次生壁具有尚未木质化的胶质层的木材纤维。胶质木纤维是应拉木的特征，韧型纤维或纤维状管胞都有可能出现胶质木纤维。

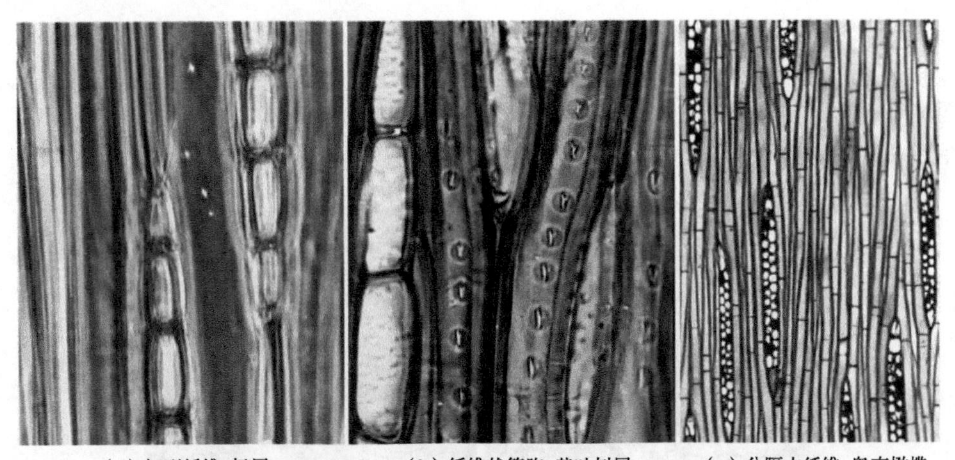

(a) 韧型纤维-杨属　(b) 纤维状管胞-黄叶树属　(c) 分隔木纤维-奥克橄榄

图1-22　木纤维的类型(IAWA committee, 1989)

木材纤维的长度一般为500~2000 μm。按国际木材学解剖学会规定，可将木材纤维的长度分为7级。我国阔叶树材木材纤维直径为10~50 μm，大多在20 μm左右，40 μm以上的很少。木材纤维壁厚为1~11 μm，早晚材区别明显的树种，早材木纤维壁薄，晚材木纤维壁厚。木纤维胞壁厚度与木材密度密切相关，腔小、壁厚则密度大、强度大。

1.3.4　轴向薄壁组织

轴向薄壁组织是由形成层纺锤形原始细胞所形成的薄壁细胞轴向串联而成，其功能主要是储藏和分配养分。轴向薄壁细胞的横切面一般呈方形或长方形；在纵切面末端细胞呈披针形，中间细胞为方形或直立长方形。一般在叠生排列的单个轴向薄壁组织中，细胞数较少，为2~4个细胞；在非叠生构造的单个轴向薄壁组织中，细胞数较多，为5~12个细胞。

阔叶树材中轴向薄壁组织远比针叶树材发达，其横切面排列类型也较多，是鉴定阔叶树材的重要特征。在横切面上，根据轴向薄壁组织是否与导管连生，可将其分为离管型和傍管型两大类。离管型轴向薄壁组织不依附于导管而存在，傍管型轴向薄壁组织围绕在导管周围。轴向薄壁组织的排列类型的具体分类已在1.1.6中细述，此处略去。在弦切面上，有些阔叶树材的轴向薄壁组织呈叠生状排列，以豆科树种最为显著，如黄檀属、紫檀属等。

有些阔叶树材的轴向薄壁细胞中因含晶体、油或黏液，而使其形状与同组织的其他细胞有明显差别，被称为异细胞或巨细胞；也可称为相应的结晶细胞、油细胞或黏液细胞，如樟科树种中的油细胞，山核桃、朴树中的结晶细胞等。

1.3.5　木射线

木射线是由形成层射线原始细胞产生的薄壁细胞，沿径向聚合排列而成的带状组织。阔叶树材木射线一般都由薄壁细胞组成，称为射线薄壁细胞。阔叶树材中只具单列射线的树种较少，大多树种都具有多列射线；其射线宽度、射线组织类型随树种而异，是识别阔叶树材的主要特征之一。

1.3.5.1　组成木射线的细胞种类

根据径切面形状和排列的不同，阔叶树材射线薄壁细胞分为以下类型(图1-23)。

①横卧细胞：指径切面观察细胞长轴呈水平方向的射线细胞。

②直立细胞：指径切面观察细胞长轴呈轴向的射线细胞。

③方形细胞：指径切面观察形状近似方形的射线细胞。

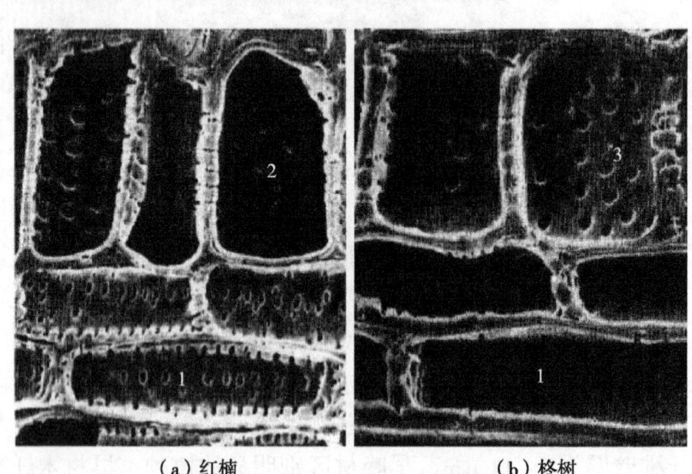

(a) 红楠　(b) 柊树

1—横卧细胞；2—直立细胞；3—方形细胞。

图1-23　组成木射线的细胞(岛地谦 等，1985)

1.3.5.2　阔叶树材木射线的类型

(1)按组成木射线的细胞列数(木射线宽度)分类

①单列射线[图1-24(a)]：指只有一个细胞宽的木射线，如杨属、柳属等树种。

②多列射线[图1-24(b)]：指两个及两个以上细胞宽的木射线，弦切面观察呈纺锤形，如臭椿、核桃等。

③栎型射线[图1-24(c)]：指射线组织由单列木射线和极宽木射线，这两类宽度差别明显的射线共同组成，如栎属等树种。

④聚合射线[图1-24(d)]：在肉眼下或低倍放大镜下观察，似一根宽射线，实际上是由许多小而窄的射线聚合而成；且其中间混杂有其他轴向细胞(不包含导管)，如轴向薄壁细胞、木纤维等，常见于鹅耳枥、桤木、锥栗等。

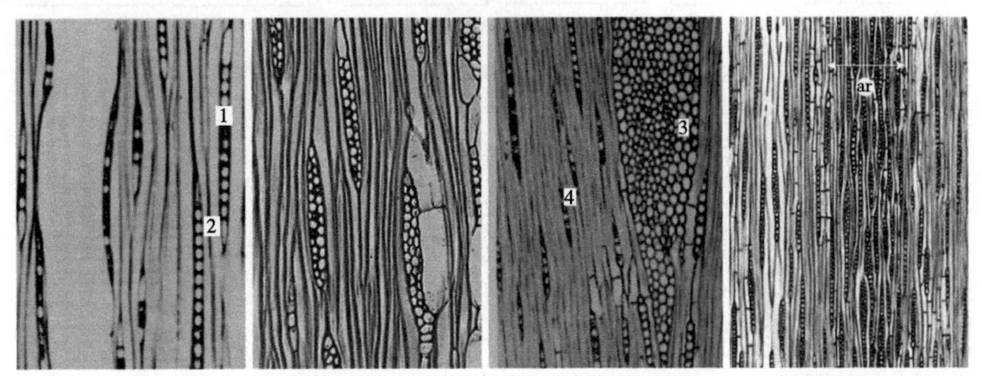

(a)单列射线-黑柳（A. J. Panshin等，1980）　(b)多列射线-樟木　(c)栎型射线-胭脂虫栎（A. J. Panshin et al.，1980）　(d)聚合射线-欧洲鹅耳枥（IAWA committee，1989）

1—横卧细胞；2—直立细胞；3—宽木射线；4—单列射线。

(ar指聚合射线，聚合射线由很多小射线组成，白色双箭头指示该聚合射线的宽度)

图1-24　木射线的分类(按宽度)

(2)按组成木射线的细胞种类分类

①同形射线组织：是指射线组织中的个体射线全由横卧细胞组成者，包括以下两种。

同形单列[图1-25(a)]：射线组织基本都是单列射线，偶见两列射线，其组成细胞全部为横卧细胞者，如杨属、檀香紫檀等。

同形单列及多列[图1-25(b)]：射线组织既有单列射线又有多列射线，其组成细胞全部为横卧细胞者，如桦木属、槭木等。

②异形射线组织：是指射线组织中的个体射线全部或部分由方形和直立细胞组成者，包括以下五种。

异形单列[图1-25(c)]：射线组织基本都是单列射线，偶见两列射线，且由横卧与直立或方形细胞所组成，如柳属等树种。

异形多列：射线组织全为两列射线以上，偶见单列，且由横卧与直立或方形细胞组成。

异形Ⅰ型[图1-25(d)]：射线组织由单列和多列射线组成。单列射线由直立和方形细胞构成；多列射线分为单列部分和多列部分，其中单列部分由直立细胞构成，多列部分由横卧细胞构成，且单列部分比多列部分要长。

异形Ⅱ型[图1-25(e)]：射线组织由单列和多列射线组成。与异形Ⅰ型区别为多列射线的单列部分较多列部分要短，其余与异形Ⅰ型相同，如朴属等树种。

异形Ⅲ型[图1-25(f)]：射线组织由单列和多列射线组成。单列射线全为横卧细胞或直立与横卧细胞混合组成。多列射线的单列部分由方形细胞组成，多列部分由横卧细胞所组成。单列尾部的方形细胞，一般为一列，即使多列也全部为方形细胞，如香椿等。

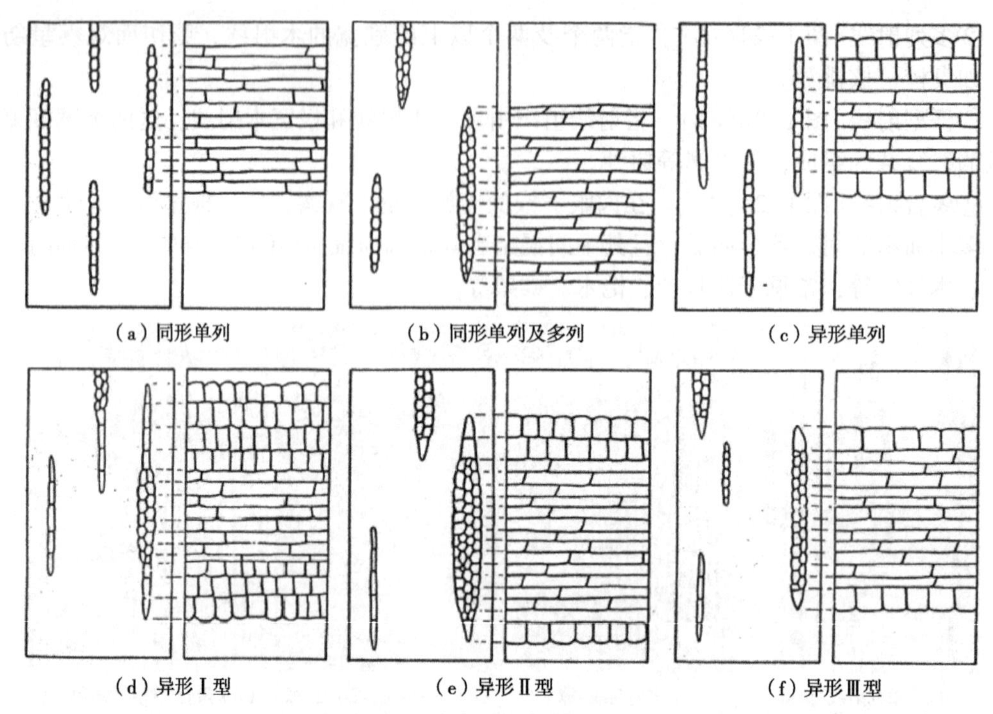

图 1-25 阔叶树材木射线的类型(Jane et al., 1970)

有些树种的木射线中具特殊构造，如夹竹桃科盆架树属、桑科榕属树种的射线组织中有乳汁管；肉豆蔻科树种的射线组织中有单宁管，此为这些树种的标志性特征。在樟科、木兰科某些属树种的射线组织中有油细胞；紫檀属、黄檀属、柿属等树种中木射线叠生。

1.3.6 树胶道

树胶道，即阔叶树材胞间道，包括轴向树胶道和横向树胶道。阔叶树材中同时具有轴向及横向树胶道的极少，仅限于龙脑香科、金缕梅科、豆科等少数树种。此外，树胶道也分为正常树胶道与创伤树胶道。正常轴向树胶道为龙脑香科和豆科等部分树种的特征，在横切面上散生，如娑罗双属[图 1-26(a)]、异翅香属[图 1-26(b)]。正常横向树胶道存在于木射线中，在弦切面呈纺锤形射线，见于漆树科、五加科、橄榄科等树种[图 1-26(c)]。创伤树胶道也分为轴向与横向。

1.3.7 针叶树材、阔叶树材解剖构造的比较

针叶树材、阔叶树材的解剖构造有显著不同(表 1-3)。针、阔叶树材之间的最大差异，是针叶树材除少数树种外都不具导管，阔叶树材除少数树种外都具导管。针叶树材组成的细胞种类少，而阔叶树材较多。阔叶树材的组织和细胞的分化比较进化，如针叶树材中轴向管胞兼具输导、支持两种功能；而阔叶树材中导管起输导作用，木纤维起机械支撑功能。

针叶树材木射线宽度窄，阔叶树材木射线从细到宽皆有。阔叶树材与针叶树材相比，轴向薄壁组织丰富，类型繁多，无机物含量多；还有内含韧皮部、乳汁管、单宁管等特殊组织存在于少数阔叶树材中。此外，温带、亚热带产阔叶树材很少具正常树胶道，而针叶树材树脂道却明显。

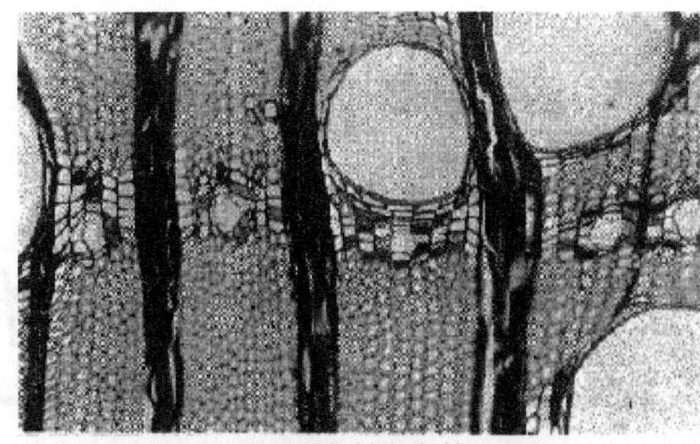

（a）同心圆状轴向树胶道-娑罗双属

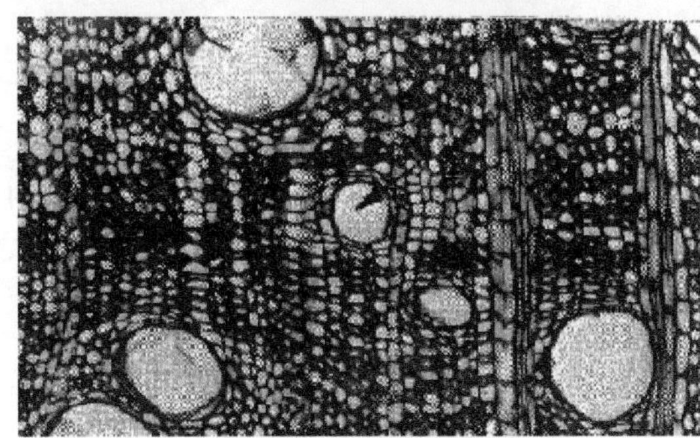

（b）散生状轴向树胶道-异翅香属

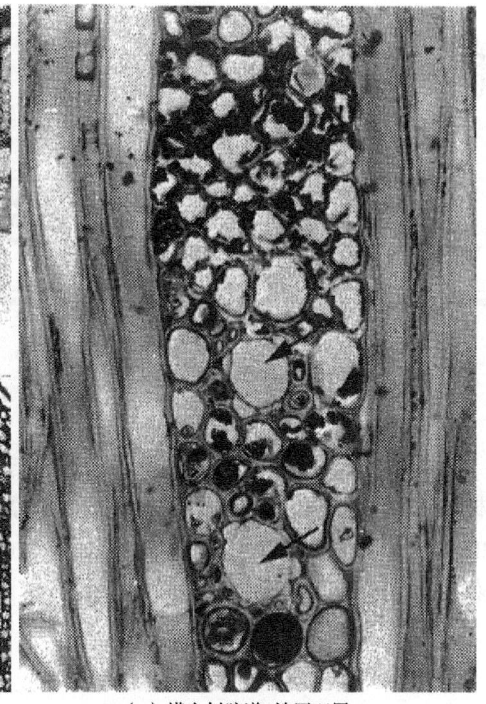

（c）横向树胶道-娑罗双属

图 1-26　轴向树胶道和横向树胶道(岛地谦 等，1985)

表 1-3　针叶树材、阔叶树材显微构造差异

组成分子	针叶树材	阔叶树材
导管	不具有	具有(国产树种水青树和昆栏树除外)
管胞	通常 90%为轴向管胞	少数树种具有阔叶树材管胞(环管管胞和导管状管胞)
木材纤维	具有	通常 50%左右为木材纤维(韧性纤维和纤维状管胞)
木射线	射线薄壁细胞为主，具有射线管胞，都是横卧细胞；较不发达	全部为射线薄壁细胞，不具有射线管胞，组成细胞有横卧、方形和直立细胞；较发达
轴向胞壁组织	较不发达	较发达
胞间道	松科某些属树种的木材具有正常树脂道	部分树种具有正常树胶道

第 2 章

基于木材解剖学的识别与鉴定技术

基于木材解剖学的识别与鉴定是指通过人眼、放大镜或光学、电子显微镜等方法，对木材的宏观、微观乃至超微观特征进行观察，并将木材鉴定到属或种的过程。根据识别方法的不同，可分为宏观特征识别、微观特征识别和超微观特征识别，三者往往兼而用之，以获得更为精准的鉴别结果。

2.1 木材宏观构造识别

木材宏观构造识别是指通过对木材主要、次要宏观构造特征的观察，为木材树种的鉴定提供基础信息的识别过程。宏观构造识别常用工具包括 10 倍放大镜和锋利的小刀，识别过程相对简单，首先用锋利的小刀切削部分木材表面，并以清水润湿，继而观察木材宏观构造特征。木材加工现场常利用宏观构造来识别木材树种，但鉴定人员对木材宏观构造知识的掌握程度、经验积累和判断能力会对鉴定结果产生较大的影响。因此，基于宏观构造特征的木材识别方法总体上不够准确，往往只能鉴定至大类。

2.1.1 木材宏观构造识别要点

木材宏观构造识别以木材的宏观构造特征为主，针叶树材、阔叶树材宏观构造识别的共同点和侧重点见表 2-1。

表 2-1 针叶树材、阔叶树材宏观构造识别要点

类别	共同点	侧重点
针叶树材	心边材差异；生长轮的明显度、宽窄及均匀度；材色；气味；滋味；质量、硬度；结构、纹理、花纹等	无管孔；早晚材的过渡形式；树脂道的有无、多少，树脂的分布
阔叶树材		有管孔；管孔大小；管孔分布类型；管孔的排列；侵填体的有无；木射线宽窄及明晰程度；轴向薄壁组织的明晰程度及分布类型；材表特征

2. 1. 2　应用识别示例

2. 1. 2. 1　针叶树材

如图 2−1 所示，银杉的宏观构造特征为边材浅黄褐色，心边材区别明显，心材浅红褐色或红褐色；生长轮明显，晚材带色深、狭窄；年轮宽度均匀，早材带宽，占生长轮的大部分；早材至晚材渐变；轴向树脂道在放大镜下可见，呈白点状或空穴状，量少，分布不均匀。

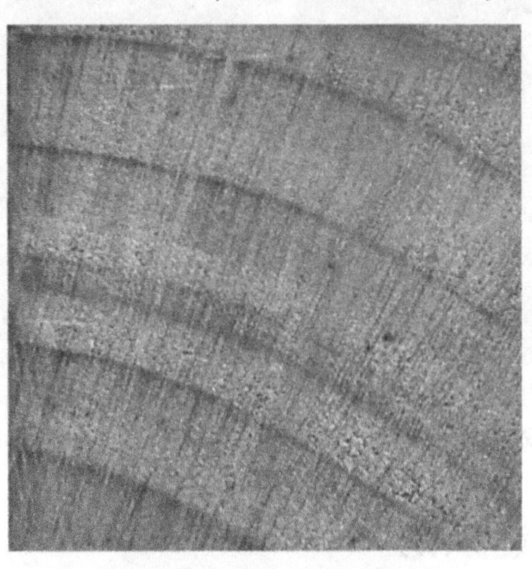

图 2−1　银杉宏观构造

如图 2−2 所示，马尾松的宏观构造特征为边材黄褐或浅红褐色，心边材区别明显，心材红褐色；生长轮甚明显，晚材色深；年轮宽度不均匀；早材至晚材急变；轴向树脂道肉眼下明显，常呈白点或小孔，量多。

图 2−2　马尾松宏观构造

2. 1. 2. 2　阔叶树材

如图 2−3 所示，水曲柳的宏观构造特征为边材黄白或浅黄褐色，心边材区别明显，心材灰褐色或浅栗褐色；环孔材；早材管孔中至大，肉眼下明显，连续排列，具侵填体；晚材管孔小，放大镜下略见，星散排列；木射线细，略少，放大镜下可见；轴向薄壁组织放大镜下明显，傍管状及轮界状。

如图 2-4 所示，毛白杨的宏观构造特征为木材浅黄白色或浅黄褐色，心边材无区别；散孔材；管孔放大镜下明显，侵填体未见；木射线甚细，放大镜下可见；轴向薄壁组织未见。

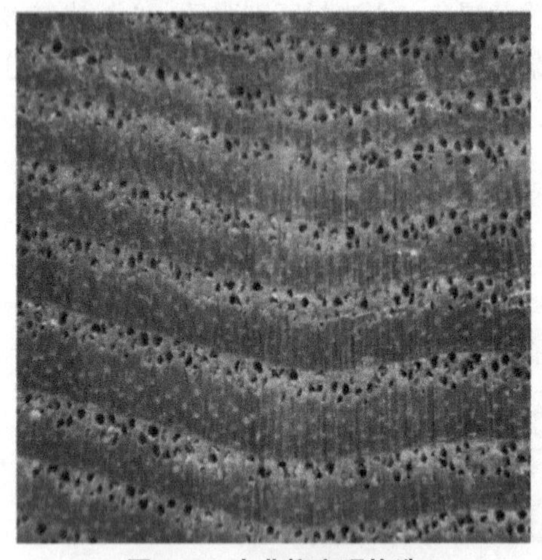

图 2-3 水曲柳宏观构造

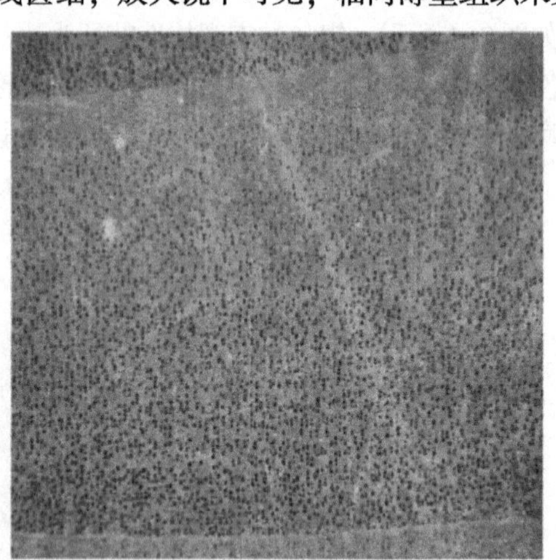

图 2-4 毛白杨宏观构造

2.2 木材显微构造识别

木材显微构造识别是指利用显微镜对木材构造特征进行观察和识别，包括光学显微镜和电子显微镜，其识别结果相对精准，可为鉴定木材树种提供可靠的科学依据。以下主要对使用频率更高的光学显微镜进行介绍，光学显微构造识别在操作上较宏观构造识别复杂，且需要在实验室完成，而切片的质量是影响木材识别效果的重要因素。用于光学显微镜观察的木材切片主要分为两大类：临时切片和永久切片。临时切片常通过徒手切片的方法获得，切片厚度和均匀性因个人技术而异；永久切片则是采用切片机制作，薄厚可控且均匀，是目前普遍采用的切片制作方法。

2.2.1 光学显微镜

光学显微镜种类繁多，功能各异，分类方法多样，常见的分类见表 2-2。其中，广泛用于木材显微构造识别的光学显微镜一般为普通的生物显微镜，光源与标本作用的方式为透光，目镜个数可为 1 个或 2 个。

表 2-2 常见光学显微镜的分类

分类方式	具体种类
按用途	生物显微镜、体视显微镜、手术显微镜、金相显微镜、偏光显微镜、荧光显微镜、相衬(相差)显微镜、干涉显微镜、万能工具显微镜等
按光源与标本作用的方式	透射光显微镜、反射光显微镜
按光源波长	紫外显微镜、红外显微镜、X 射线显微镜、可见光显微镜等
按目镜个数	单筒显微镜、双目显微镜、三目显微镜

2.2.1.1　光学显微镜结构

如图 2-5 所示，光学显微镜的结构分为机械和光学两部分。

(1)机械部分

①镜筒：一个金属长筒，筒口上端安装目镜镜头，下端装有镜头转换器和物镜头。

②物镜转换器：安装在镜筒下端的一个旋转圆盘，镜头转换器上有 3 个或 4 个孔，分别装有低倍或高倍物镜镜头。

③粗调焦轮：可使镜头能上下移动，从而调节焦距。

④微调焦轮：移动范围较粗调焦轮小，可以微调焦距。

⑤载物台：是放置切片的平台。其中央具有通光孔，在通光孔的左右各有一个弹性的金属压片夹，压片夹是用来压住载玻片的夹子。载物台通常具有推进器，包括夹片夹和推进螺旋，除夹住切片外，还可使切片在载物台上移动。

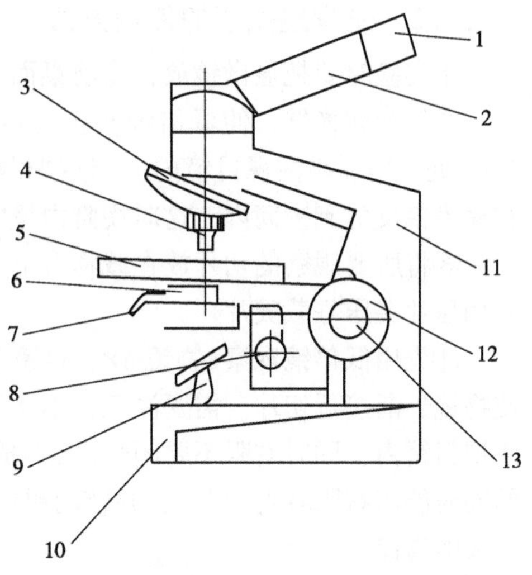

1—目镜；2—镜筒；3—物镜转换器；4—物镜；5—载物台；6—聚光镜；7—可变光栏；8—聚光镜调焦轮；9—光源；10—底座；11—支架；12—粗调焦轮；13—微调焦轮。

图 2-5　光学显微镜结构示意图

(2)光学部分

①目镜：是由一组透镜组成的插在镜筒顶部的镜头，可以使物镜成倍地分辨、放大物像，如 5×、10×、15×、20×。

②物镜：是由一组透镜组成的安装在转换器孔上的镜头，能够把物体清晰地放大。物镜上刻有放大倍数，如 4×、10×、40×、60×等。显微镜的放大倍数是目镜倍数与物镜倍数的乘积。

③光源：显微镜所用的光源有自然光和电光源两种。对采用自然光的显微镜，其光源系统使用的是反射镜，又称反光镜，有平面和凹面两种镜面，两面反射光线的强度不同。平面镜反射平行光线，它的反射强度较凹面镜弱，人们可以按需要翻转反光镜。现代显微镜多使用电光源进行照明，包括光源灯电路、光源灯、透镜、反射镜、聚光镜等，整个光源安装在灯座内。光源灯一般使用钨灯或卤钨灯，电压可调，可改变光线的亮度。

④聚光镜：由凹透镜组成的，它可以集中光源投射来的光线。在镜柱前面有一个聚光镜调节螺旋，它可以使聚光镜升降，用以调节光线的强弱，下降时明亮度降低，上升时明亮度加强。

⑤可变光栏：又称虹彩光圈，由多数金属片组成，在较高级显微镜上具有此装置。使用时移动其把柄，可控制聚光镜透镜的通光范围，用以调节光的强度。虹彩光圈下常附有金属圈，其上附有滤光片，可调节光源的色调。

⑥遮光器：简单的显微镜无聚光镜和虹彩光圈，但装有遮光器。遮光器呈圆盘状，上面有大小不等的圆孔(光圈)。光圈对准通光孔时，可以调节光线的强弱。

2.2.1.2 光学显微镜的使用方法

①实验时要把显微镜放在座前桌面上稍偏左的位置，镜座应距桌沿6~7 cm。

②转动转换器，使低倍镜头正对载物台上的通光孔。先把镜头调节至距载物台1~2 cm处，用左眼注视目镜内，调整光源强度，把虹彩光圈调至最大，使光线通过反光镜和聚光镜反射到镜筒内，这时视野内呈明亮的状态。

③将所要观察的切片放在载物台上，使切片中被观察的部分位于通光孔的正中央，然后用压片夹压好载玻片。

④先用低倍镜观察(物镜4×、目镜10×)。观察之前，先转动粗调焦轮，使镜筒下降，使物镜逐渐接近切片。需要注意，不能使物镜触及切片，以防镜头将切片压碎。之后左眼注视目镜内，同时右眼不要闭合(要养成睁开双眼用显微镜进行观察的习惯，以便在观察的同时能用右眼看着绘图)，并转动粗调焦轮，使镜筒慢慢上升，不久即可看到木材切片放大的物像。

⑤如果在视野内看到的物像不符合实验要求(物像偏离视野)，可慢慢移动载物台。移动时应注意载物台移动的方向与视野中看到的物像移动的方向正好相反。如果物像不甚清晰，可以转动微调焦轮，直至物像清晰为止。

⑥如果进一步使用高倍物镜观察，应在转换高倍物镜之前，把物像中需要放大观察的部分移至视野中央(将低倍物镜转换成高倍物镜观察时，视野中的物像范围缩小了很多)。一般具有正常功能的显微镜，低倍物镜和高倍物镜基本齐焦，在用低倍物镜观察清晰时，换高倍物镜应可以见到物像，但物像不一定很清晰，可以转动微调焦轮进行调节。

⑦在转换高倍物镜并且看清物像之后，可以根据需要调节光圈或聚光镜，使光线符合要求(一般将低倍物镜换成高倍物镜观察时，视野要稍变暗一些，所以需要调节光线强弱)。

⑧观察完毕，应先将物镜镜头从通光孔处移开，然后将镜筒缓缓落下，再将光圈调至最大，检查零件有无损伤(特别要注意检查物镜是否沾水，如沾了水要用镜头纸擦净)，并认真填写使用登记卡。

2.2.1.3 光学显微镜的维护

①熟练掌握并严格执行使用规程。

②取送显微镜时一定要一手握住镜臂，另一手托住镜座。显微镜不能倾斜，以免目镜从镜筒上端滑出，取送显微镜时要轻拿轻放。

③观察时不能随便移动显微镜的位置。

④显微镜的光学部分，需用擦镜纸擦拭，不能乱用他物擦拭，更不能用手指触摸透镜，以免汗液污染透镜。

⑤保持显微镜的清洁，避免灰尘、水及化学试剂的污染。

⑥转换物镜镜头时，不要搬动物镜镜头，应当转动转换器。

⑦切勿随意转动调焦轮。转动微调焦轮时，用力要轻，转动要慢，转不动时不要硬转。

⑧不得任意拆卸显微镜上的零件，严禁随意拆卸物镜镜头，以免损伤转换器螺口，或螺口松动后使低高倍物镜转换时不齐焦。

⑨在使用高倍物镜时，切勿用粗调焦轮调节焦距，以免移动距离过大，损伤物镜和玻片。

⑩保持显微镜的干燥。用毕前，必须检查物镜镜头上是否沾有水或试剂，如有则要擦拭干净，并且要把载物台擦拭干净。

2.2.2　木材显微构造识别要点

针叶树材、阔叶树材的显微构造特征识别要点与差异见表 2-3。

表 2-3　木材显微构造识别要点

类别	识别要点
针叶树材	①管胞：形态特征及胞壁特征，如纹孔的分布、列数、排列方式、形状等；螺纹加厚的有无、显著程度、倾斜角度等 ②树脂道：有无；泌脂细胞壁的厚薄，泌脂细胞的个数等 ③木射线组织：列数、高度；细胞组成；射线管胞内壁特征；射线薄壁细胞形态特征、水平壁厚薄及有无纹孔、垂直壁形态特征 ④交叉场纹孔：类型、大小、数目 ⑤轴向薄壁组织：有无、丰富程度及排列方式 ⑥其他一些不稳定的显微特征，如径列条、澳柏型加厚、含晶细胞等
阔叶树材	①导管：导管分子形状、大小；穿孔的类型；侵填体及其他内含物的有无和形态特征；管孔组合方式；管间纹孔式的有无及类型；螺纹加厚的有无等 ②薄壁组织：类型、丰富程度；分室含晶细胞的有无及晶体的个数等 ③射线组织：类型、宽度、高度；与导管间的纹孔式；径向胞间道的有无等 ④木纤维：胞壁厚薄、分隔木纤维及胶质木纤维的有无 ⑤叠生构造：有无、出现叠生构造的细胞类型等 ⑥其他特征如油细胞的有无(如樟科树种)、环管管胞明显与否(如壳斗科树种)、维管管胞的有无(如金缕梅科树种、龙脑香)等

2.2.3　研究与应用

2.2.3.1　针叶树材的观察与识别

如图 2-6 所示，樟子松的主要光学显微构造特征为早材管胞直径多数为 40～50 μm，早材管胞径壁具缘纹孔多为 1 列；无螺纹加厚；具轴向和横向树脂道，泌脂细胞壁薄；具单列和纺锤形两类木射线，射线管胞内壁深锯齿，射线薄壁细胞水平壁以薄为主；交叉场纹孔为窗格状。

2.2.3.2　阔叶树材的观察与识别

如图 2-7 所示，黄檗的主要光学显微构造特征为早材横切面导管为圆形及卵圆形；单独或为复管孔 2~3 个，晚材管孔小，弦向波浪形排列，导管为单穿孔，内壁具螺纹加厚，管间纹孔互列；轴向薄壁组织环管状、轮界状及星散状；射线组织同形单列及多列，单列射线很少，多列射线宽 2~4 个细胞；纤维管胞侧壁具缘纹孔较少。

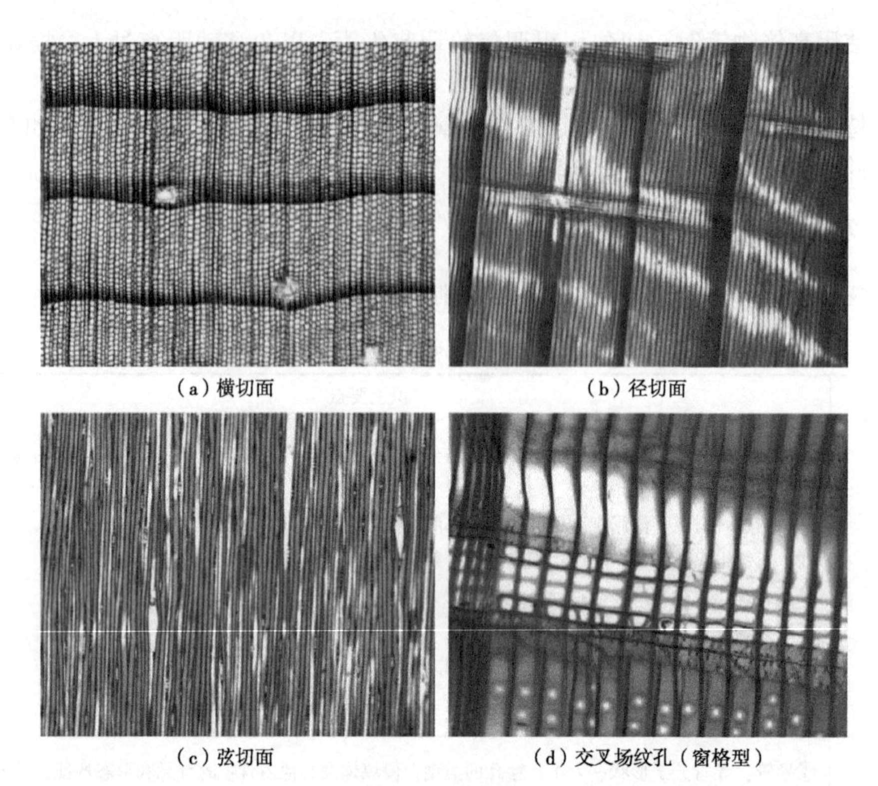

图 2-6　樟子松

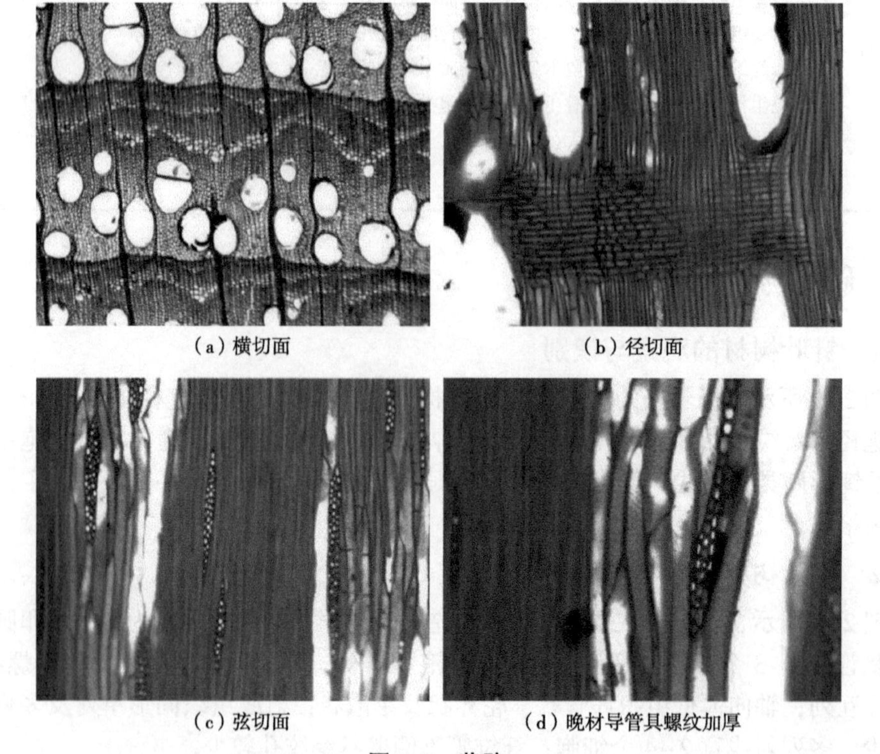

图 2-7　黄檗

2.2.3.3　叠生木射线与非叠生木射线观察

在显微构造观察中，轴向薄壁组织与木射线的叠生或非叠生排列是区别部分树种的重要特征之一，如豆科黄檀属、紫檀属等树种的轴向薄壁组织或木射线呈明显叠生状排列。如图2-8所示，在弦切面上白蜡木木射线为非叠生构造，大果紫檀木射线为叠生构造。

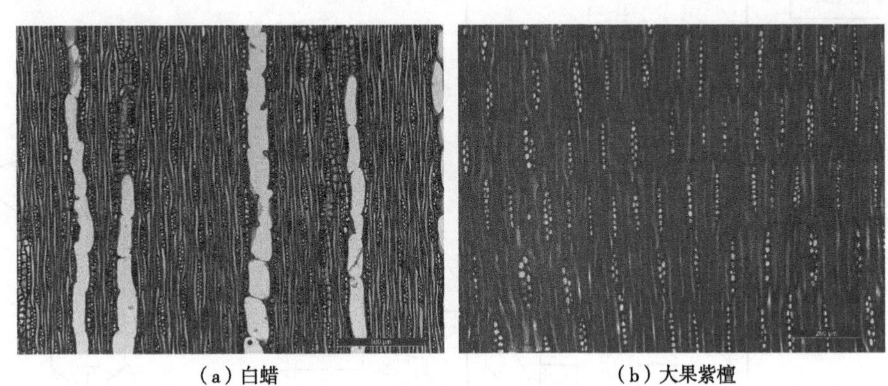

（a）白蜡　　（b）大果紫檀

图2-8　叠生木射线与非叠生木射线

2.3　木材扫描电子显微镜识别

随着电子显微镜技术的发展，木材构造的可观察尺度已经达到了纳米级，大大增加了人们对木材细微构造的观察和识别能力。电子显微镜按结构和用途，可分为透射式电子显微镜、扫描式电子显微镜、反射式电子显微镜和发射式电子显微镜等。透射式电子显微镜常用于观察用普通光学显微镜所不能分辨的细微构造；扫描式电子显微镜主要用于观察固体表面的形貌，也能与X射线衍射仪或电子能谱仪相结合，构成电子微探针，用于物质成分分析。扫描电子显微镜具有景深大、图像富有立体感、分辨率高、图像放大倍数高、显像直观、样品制备过程相对简单等优点，被广泛应用于木材构造的观察和识别。

2.3.1　基本原理

扫描电子显微镜(scanning electron microscope，SEM)简称扫描电镜，是一种介于透射电子显微镜和光学显微镜之间的一种观察仪器，其利用聚焦的很窄的高能电子束来扫描样品，通过光束与物质间的相互作用，来激发各种物理信息，对这些信息收集、放大、再成像以达到对物质微观形貌表征的目的。从灯丝发射出来的电子，在0.5~30 kV电压下加速，经多个聚光镜和物镜的聚焦后，形成具有一定能量、强度和斑点直径的入射电子束。在扫描线圈产生的磁场作用下，入射电子束按照一定时间、空间顺序做光栅式扫描。在入射电子和样品之间相互作用下，从样品中激发出的二次电子向各个方向发射，并被收集器收集。随后二次电子信息转变为光信号，经过光导管进入光电倍增管，使光信号又转变为电信号。经视频放大器放大，输入到显像管的栅极中，在荧光屏上显现与样品一一对应的图像。

2.3.2 仪器组成与结构

扫描电子显微镜主要包括：电子光学系统、真空系统、成像系统以及检测器等，如图 2-9 所示。

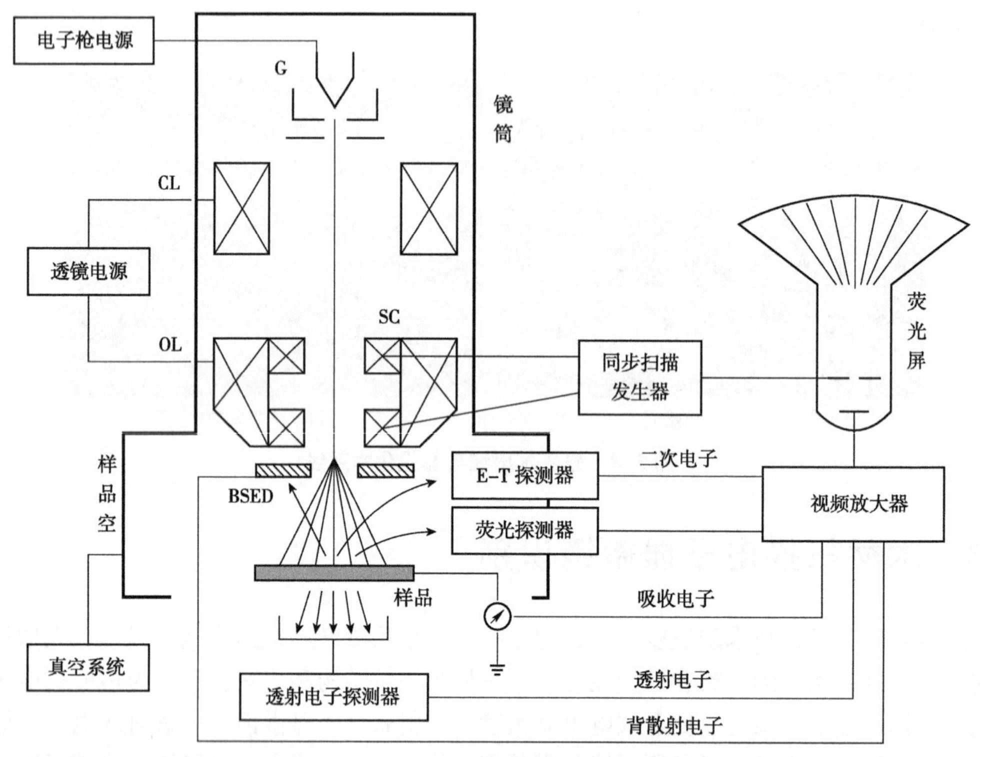

G—电子枪；CL—聚光镜；OL—物镜；SC—扫描线圈；BSED—背散射电子探测器。

图 2-9 扫描电子显微镜结构示意图

(1)电子光学系统

电子光学系统是扫描电子显微镜的核心，由电子枪、电磁透镜和扫描线圈(偏转线圈)组成。

①电子枪：用于产生电子，电子束加速电压一般为 0.5~30 kV。电子枪的阴极材料有钨丝、六硼化镧、钨单晶。根据分辨率的不同，可选择不同的阴极材料。

场发射电子枪分为冷场发射式和热场发射式，冷场电子枪发射温度为 300 K(26.85 ℃)，热场电子枪发射温度为 1500~1800 K(约为 1227~1527 ℃)；电子枪阴极使用的是曲率半径为 100 nm~1 μm 的钨丝经过腐蚀制成针状的尖阴极。通过在尖阴极表面增加强电场产生肖特基效应，从而降低阴极材料的表面势垒，使能障宽度变窄、高度变低，电子可直接“穿隧”通过此狭窄能障，并离开阴极发射到真空中，最终得到极细而又具高电流密度的电子束。

②电磁透镜：主要是对电子束进行聚焦，一般有 2~3 个透镜组成，主要包括聚光镜、聚光镜光阑、物镜及物镜光阑等。电子枪发出的电子束会聚集成一个直径很细的交叉点，一般钨枪发射的电子束交叉点为 0.1 nm~1 μm，六硼化镧枪和场发射枪产生的电子束交叉

点更细，之后通过聚光镜、物镜将电子束直径逐级缩小。每个透镜配有光阑，主要作用是过滤电子束中的杂散电子。

③扫描线圈在扫描信号发生器的作用下，对样品表面进行从左到右的光栅式扫描。电子束通过偏转线圈后发生偏转，并在样品表面有规则的扫动，以实现对样品测试面的检测。

(2)真空系统

真空系统为电子光学系统提供必要的高真空环境，保证电子束的正常扫描，防止样品受到污染。扫描电子显微镜的真空度依靠真空泵来实现，主要包括机械泵、油扩散泵、涡轮分子泵及离子泵等。钨灯丝扫描电镜的真空度要求相对较低，通过机械泵和油扩散泵组合即可满足要求。六硼化镧灯丝在加热时活性很强，需要在较高的真空环境(一般为 10^{-7}Torr)下操作，多依靠离子泵实现。场发射电子枪是从极细的钨针尖发射电子，对金属表面干净度要求极高。因此，需要保持超高真空度来防止钨阴极表面累积原子。

(3)成像系统

①扫描电子显微镜成像原理：从灯丝发射出来的热电子受2~30 kV电压加速，经聚光镜和物镜聚焦后形成具有一定能量、强度和斑点直径的入射电子束。在偏转线圈产生的磁场作用下，入射电子束按一定时间、空间顺序做光栅式扫描，入射电子和样品相互作用产生二次电子、背散射电子、俄歇电子以及X射线等信号。

扫描电镜中最基本成像是二次电子成像(secondary electron imaging，SEI)，它主要反映样品的表面立体形貌。二次电子是电子束轰击样品使样品中原子的外层电子与原子脱离，产生的一种自由电子。二次电子的能量较低，一般在50 eV以下。由于样品表面的高低参差、凹凸不平，电子束照射到样品上时，不同点的作用角不同，激发的二次电子数目也不同；入射角方向不同，二次电子向空间散射的角度和方向也不同，样品凸出部分和面向检测器方向的二次电子多一些，样品凹处和背向检测器方向二次电子少一些。由于二次电子产生于距离样品表面很近的位置(一般距表层5~10 nm)，因此二次电子成像可以对样品表面进行高分辨率的表征。

背散射电子(back scattered electron，BSE)是电子束轰击样品过程中被样品反射回来的部分电子，包括被原子核反射回来的弹性背散射电子和被原子核外电子反射回来的非弹性背散射电子。弹性背散射电子的散射角大于90°，没有能量损失，电子能量很高；非弹性背散射电子由于和核外电子碰撞，不仅方向改变，也会有不同程度的能量损失，非弹性背散射电子的能量分布范围较广。在背散射模式下，样品表面平均原子序数大的区域，背散射信号强，电镜图中亮度高；反之，原子序数小的区域亮度低。

当高能电子束轰击样品将样品中原子的内层电子电离时，此时的原子处于较高激发态，外层的高能量电子会向内层跃迁以填补内层空缺从而释放能量，这部分辐射能量称为特征X射线。这些特征X射线可以用来鉴别组成成分和测定样品中的元素。在扫描电子显微镜分析中，通常将背散射电子与特征X射线产生的能谱相结合来做成分分析。

②扫描电子显微镜分辨率：主要取决于打到样品表面上的电子束直径，而电子束直

径主要是由电子枪所决定。钨灯丝扫描电镜的分辨率可达 3 nm，其放大倍数为 5 倍~30 万倍；六硼化镧灯分辨率高于钨丝灯。由于场发射扫描电镜电子枪的电子能量散布仅为 0.2~0.3 eV，其分辨率可达 1 nm，甚至更高到 0.4 nm，放大倍数也可提高至 200 万倍。

(4)检测系统

检测系统主要由探测器、信号放大器和电信号处理器组成。探测器接收到样品信息后，经放大器放大、转换为电信号进行处理，并在显示器上成像。探测器类型有 X 射线探测器、二次电子探测器和背散射电子探测器等。二次电子检测器用于样品表面的形貌分析，背散射电子检测器用于显示样品中元素的分布，X 射线能谱仪用于样品的成分分析，热场发射电镜可配置 X 射线波谱仪实现对物质成分更精确的检测。

(5)样品室

样品室是样品的检测场所，同时装有各种信号探测器。样品在该区域可实现上下、前后、旋转等运动，以便对样品进行全方位观测。

2.3.3 研究与应用

2.3.3.1 观察针叶树材交叉场纹孔类型

在扫描电镜的高放大倍数、高分辨率及大景深下，针叶树材交叉场纹孔的类型更容易观察和鉴别。例如，云杉型交叉场纹孔[图 2-10(a)]、杉木型交叉场纹孔[图 2-10(b)]、柏木型交叉场纹孔[图 2-10(c)]。

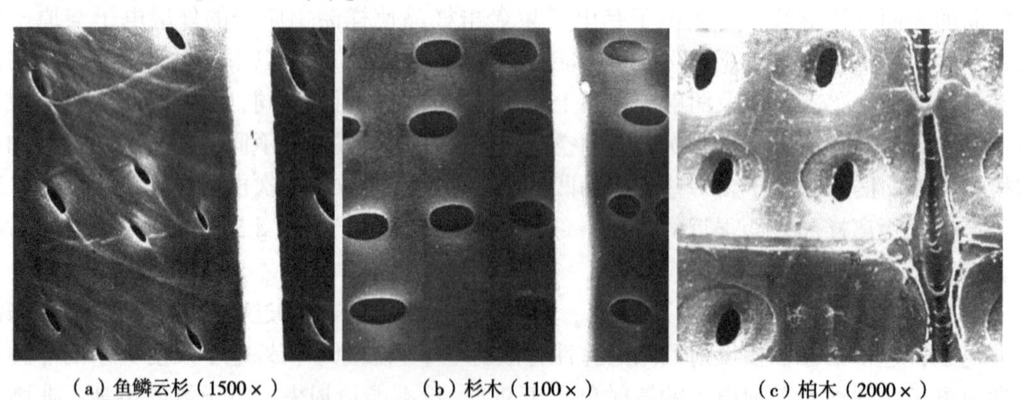

(a) 鱼鳞云杉 (1500×)　(b) 杉木 (1100×)　(c) 柏木 (2000×)

图 2-10 针叶树材交叉场纹孔(腰希申，1988)

2.3.3.2 观察木纤维细胞壁上的纹孔类型

扫描电镜可在 20 倍~20 万倍的范围内连续变化，基本囊括了从放大镜、光学显微镜到透射电镜的放大范围，且在高放大率时也能得到高亮度的清晰图像。此外，扫描电镜是利用电子束轰击样品后释放的二次电子成像，其有效景深不受样品大小与厚度的影响。与光学显微镜相比，受样品平整度影响较小，能够在 1 mm 左右的凹凸不平面清晰成像，样品图像更富有立体感。因此，利用扫描电镜能够更直观地观察木纤维细胞壁上的单纹孔[图 2-11(a)]或具缘纹孔[图 2-11(b)]。

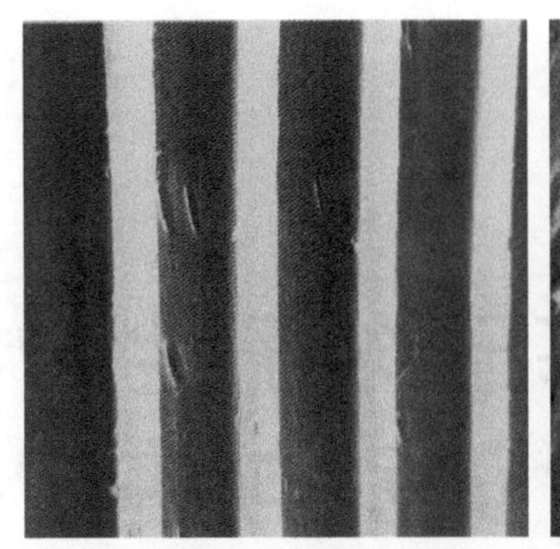
（a）单纹孔或略具狭缘-毛白杨（1200×）

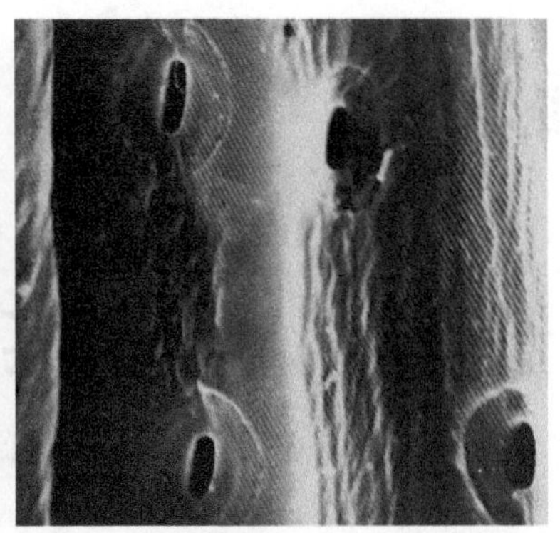
（b）具缘纹孔-木荷（2600×）

图 2-11　木纤维细胞壁上的纹孔类型(腰希申，1988)

第3章

基于分子生物学的木材识别与鉴定技术

分子生物学是研究核酸、蛋白质等所有生物大分子的形态、结构特征及其重要性、规律性和相互关系的重要学科。遗传多样性是遗传信息的总和，从分子遗传学角度来看，物种表现型(形态、解剖构造等)的差异，从根本上讲是基因型的差异，即脱氧核糖核酸(deoxyribonucleic acid，DNA)序列差异。因此，对基因组序列差异的比较研究将为物种分类和识别提供最本质的科学依据。

常用的植物DNA分子标记技术主要有限制性片段长度多态性(restriction fragment length polymorphism，RFLP)、随机扩增多态DNA(random amplified polymorphism DNA，RAPD)、简单重复序列或微卫星(simple sequence repeat，SSR)、扩增片段长度多态性(amplified fragment length polymorphism，AFLP)和DNA条形码(DNA Barcoding)等，本章将重点介绍DNA条形码技术。DNA条形码是DNA分子鉴定的重要手段之一，通过比较物种中的一段标准的DNA序列片段，对物种进行快速、准确地识别和鉴定。木材DNA条形码识别技术主要包括木材DNA提取、聚合酶链反应(PCR扩增)、DNA条形码选择、物种识别等关键环节。近年来，DNA条形码技术逐渐应用于木材识别领域，突破了传统木材解剖学方法无法实现木材“种”水平识别的局限，为木材精准识别与鉴定提供了新途径。

3.1　基本原理与方法

3.1.1　木材DNA提取

植物DNA提取的研究始于20世纪80年代初。对于新鲜树木组织(如叶片、芽)进行DNA提取已经常规化，然而木材(木质部)组织DNA提取却存在较大难度。

影响木材DNA提取的主要因素有：①物理因素。木材是一种较坚硬的植物组织，为了使木材组织中的木纤维、导管及薄壁细胞等细胞破裂，通常采用钻、切片和研磨等机械加工方法。这些操作产生的热量，会使试样的DNA片段进一步发生降解。②化学成分。木材细胞含有大量的单宁、色素、树胶、树脂等沉积物或次生代谢物。上述成分都制约了从木材组织中获取高质量 DNA 提取物，进而影响 DNA 目的片段的 PCR 扩增。③生物因素。附着在木材上的真菌及微生物会分解木材，进而使木材 DNA 发生降解；同时，长期储存的木材表面，亦会被外界微生物的 DNA 所污染。④存储时间。树木被采伐以后，随着植物细胞的死亡，DNA 会慢慢降解。木材存储时间越长，DNA 降解越严重。⑤加工程度。当木材组织处于新鲜状态时，提取 DNA 较容易。但木材经过高温干燥等处理后，DNA 会发生严重降解，影响 DNA 的提取与分析。

因此，获取高质量 DNA 是木材 DNA 条形码识别技术的关键和首要步骤。一般而言，木材 DNA 提取由木粉研磨、木材细胞裂解、纯化(多糖多酚等次生代谢物及蛋白去除)、核酸富集及 DNA 溶解等步骤构成。尽管从树木新鲜组织中能够获取高质量的 DNA，但在实际操作中，需要识别的对象大多是经过干燥处理或长期储存的木材样品。因此，探究从干燥处理或长期储存的木材组织中获取高质量 DNA 更具有实用性。受干燥处理及储存时间等因素影响，木材细胞中残存的 DNA 会因酶解、水解及氧化反应导致磷酸二酯键发生断裂，进一步发生降解及片段化。

从干燥或长期储存的木材中提取 DNA 的方法主要有十六烷基三甲基溴化铵(hexadecyl trimethyl ammonium bromide，CTAB)法、十二烷基苯磺酸钠(sodium dodecyl benzene sulfonate，SDBS)法及改进的商用试剂盒法。向 DNA 提取液中加入一种常用于古生物学中骨骼 DNA 提取的 *N*-苯甲酰噻唑溴化物(*N*-phenacylthiazolium bromide，PTB，$C_{11}H_{10}BrNOS$)，有助于释放被蛋白缠绕的 DNA，可以提高 DNA 提取的质量及效率。研究已经证实了能够从高温干燥的木材组织中获取有效 DNA 信息。有研究报道 60～180℃不同干燥条件处理后木材 DNA 的提取效率。结果表明，180℃温度下干燥的木材样品 DNA 提取效率最低。此外，通过对考古木材残余 DNA 信息分析，对树种识别和区域生态环境进化过程的重建具有重要意义。样品的保存状态和 DNA 提取方法效率是决定能否成功获取古木 DNA 的主要因素。从埋藏在水坝的 600 年古木和 3600 年古木中分别成功提取长度 400 bp 及 600 bp 的 DNA 片段；通过改良的 DNA 提取方法可以从保存 1000～9000 年的欧洲栎(*Quercus robur*)和松属(*Pinus* sp.)亚化石木材以及其他考古木材中成功提取出长度大于 100 bp 的 DNA 片段。上述实例表明了从长期储存木材中获取 DNA 信息的可能性，这将为考古木材树种鉴定提供有效工具。

树木木质部边材、心边材过渡区及心材等不同径向位置 DNA 含量存在较大差异。通常木材边材 DNA 含量比心材高，边材是更适于木材 DNA 提取的优选材料。同时研究还表明，边材 DNA 主要来自细胞核和质体，而心材 DNA 则可能更多的来自射线细胞中的质体(图 3-1)。上述结果可为木材 DNA 靶向提取提供重要科学依据。

3.1.2　DNA 条形码选择

加拿大动物学家 Paul D. N. Hebert 于 2003 年首次针对动物界提出了 DNA 条形码的概念，引起了生物界的极大关注。理想 DNA 条形码一般符合以下标准：①种间具有足够的变异以区分不同物种，而种内变异应足够小，从而具有相对的保守性。②DNA 条形码是一段标准的 DNA 片段，该片段应尽可能多地鉴别不同的分类单元。③DNA 目的片段应包含足够的系统进化信息位点，以定位物种在分类系统中的位置。④标准 DNA 条形码应存

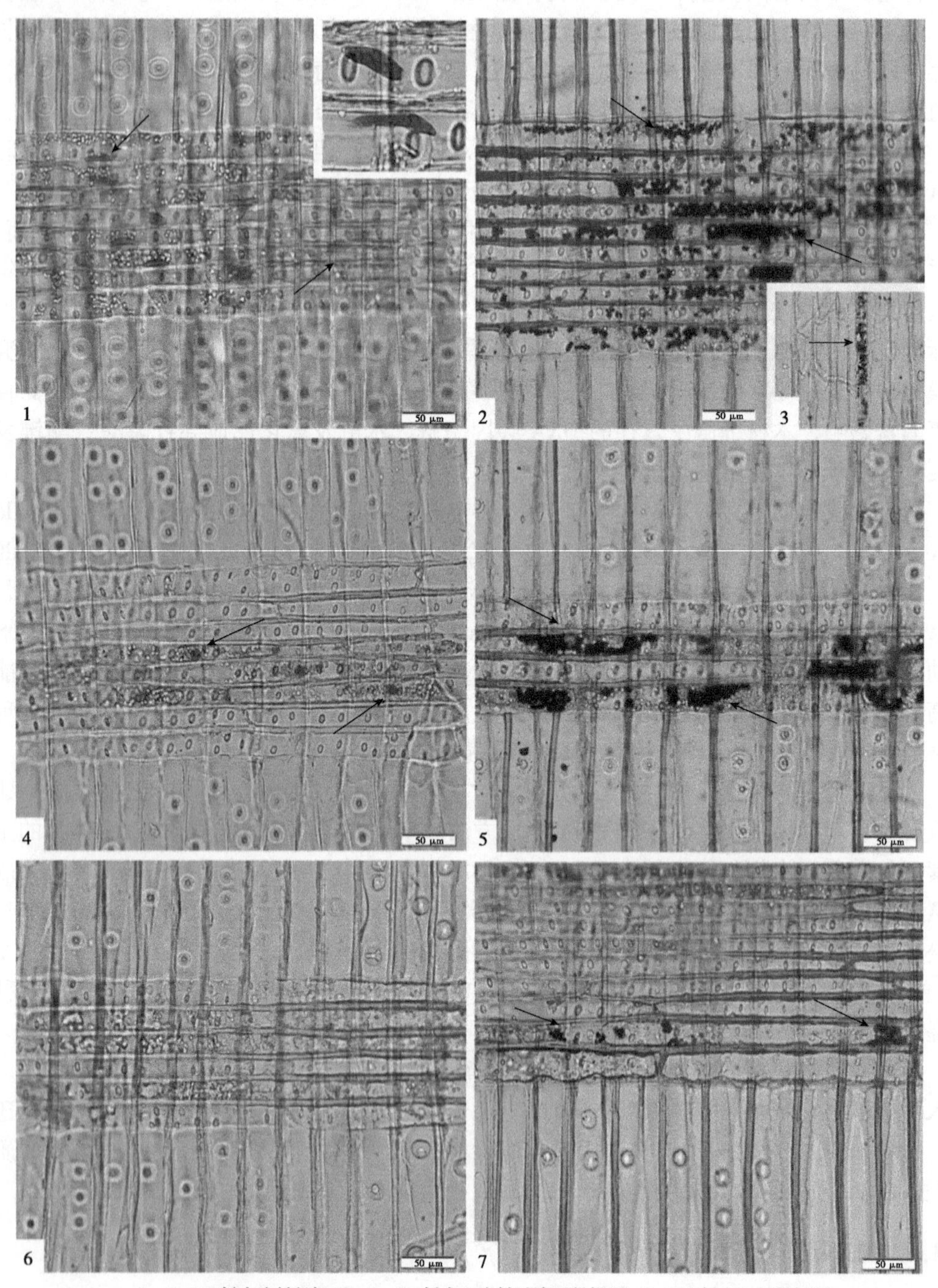

1、2、3—杉木边材径切面；4、5—杉木心边材过渡区径切面；6、7—杉木心材径切面。

图 3-1　杉木新鲜材不同径向位置细胞核、质体(造粉体)分布(Jiao L et al.，2012)

在高度保守区域以便于通用引物的设计。⑤目标 DNA 片段应足够短(一般为 300~800 bp)以便于 DNA 提取及 PCR 扩增，尤其是对 DNA 发生降解的材料。⑥DNA 目的片段易于测序。

目前，DNA 条形码技术在动物物种鉴定领域已经得到了广泛应用，所采用的标准片段是线粒体细胞色素 c 氧化酶亚基 1(cytochrome c oxidase subunit 1，CO1)的一段长约 650 bp 的序列。然而，植物线粒体基因组进化速率要远慢于叶绿体基因组和细胞核核糖体基因组，而且其遗传分化小，因此*CO*1 基因并不适用于大多数植物物种识别。相比于动物领域，植物 DNA 条形码技术的发展相对缓慢。近些年来，许多学者也开始对植物 DNA 条形码的筛选进行了积极地探索，试图从叶绿体基因组和细胞核基因组中寻找到理想的条形码。

国际生命条形码工程(international barcode of life project，iBOL)及生命条形码数据库(barcode of life database，BOLD)的建立，加快了植物 DNA 条形码的应用和发展。2009 年，国际生命条形码协会植物工作组提出将 *matK* 和 *rbcL* 组合作为植物通用的 DNA 条形码，并证明其组合可以区分约 70%的植物物种。2009 年 11 月，在墨西哥城召开的第三届国际 DNA 条形码会议上，决定将叶绿体 DNA 片段 *rbcL* 和 *matK* 作为植物 DNA 标准条形码的核心条形码，并建议叶绿体 *trnH-psbA* 片段和细胞核核基因片段 ITS 为植物 DNA 条形码的补充条形码。我国学者针对 753 属 4800 种的 6000 余份药用植物样本进行 DNA 条形码序列筛选，研究表明，ITS2 序列的鉴定能力优于国际生命条形码协会植物工作组提出的 *matK* 和 *rbcL* 组合，并提出将 ITS2 作为药用植物鉴定的通用 DNA 条形码序列。2011 年，中国植物 DNA 条形码研究组对来自 75 科 141 属 1757 种的 6286 份样本的 DNA 片段 *matK*、*rbcL*、*trnH-psbA* 和 ITS 进行研究，建议将 ITS/ITS2 作为种子植物的核心 DNA 条形码，当 ITS 难以扩增和测序时，ITS2 可以有效弥补该缺陷。此外，由于质体基因片段 *ycf*1 比其他候选质体 DNA 条形码具有更多的变异位点，也可作为陆生植物的核心条形码。总之，尽管植物 DNA 条形码目前还处于不断探索与发展阶段，但已逐步形成了以 *rbcL*、*matK*、*trnH-psbA* 和 ITS 为基础的部分候选 DNA 片段。

植物 DNA 条形码的不断发展，为木材 DNA 条形码的筛选研究提供了重要依据。近年来，为确定适用于木材识别的 DNA 条形码，研究人员主要针对叶绿体和细胞核核糖体 DNA 片段进行了筛选。由于木材 DNA 普遍发生了严重降解，因此与单拷贝的细胞核核基因相比，选择多拷贝的叶绿体基因片段，能够显著提高获取 DNA 目的片段的概率。在高等植物中，前质体根据细胞功能、生理化学及所处生长部位的差异分化成功能各异的质体(叶绿体、有色体、白色体、造粉体等)。对于树木不同组织，叶片的前质体逐渐分化为叶绿体，而木材组织的前质体则分化成为造粉体等细胞器。虽然前质体经过分化形成了功能各异的质体，但是它们仍然具有相同的基因遗传信息。因此，叶绿体 DNA 目的片段可以用来作为木材识别的 DNA 条形码。

研究表明，单一通用 DNA 条形码(如 *rbcL*、*matK*)对同属或近缘物种识别能力较差，因此通常采用多个条形码组合的方式来提升物种识别能力。基于 *trnL-trnF*+ITS2、*psbA-trnH*+ITS2、*matK*+*ndhF-rpl*32+ITS2 及 *psbA-trnH*+*trnK* 等组合条形码，中国林业科学研究院木材工业研究所团队已分别实现了白木香属(*Aquilaria*)、黄檀属(*Dalbergia*)、紫檀属(*Pterocarpus*)及檀香属(*Santalum*)等树种木材识别(图 3-2)。同时，为解决通用 DNA 条形码识别位点偏少的问题，提出了一种基于叶绿体全基因组筛选适用于木材识别的高分辨 DNA 条形码的新思路。该方法首先在全基因组水平基于核苷酸多态性筛选出 DNA 高变区，然后针对木材样品

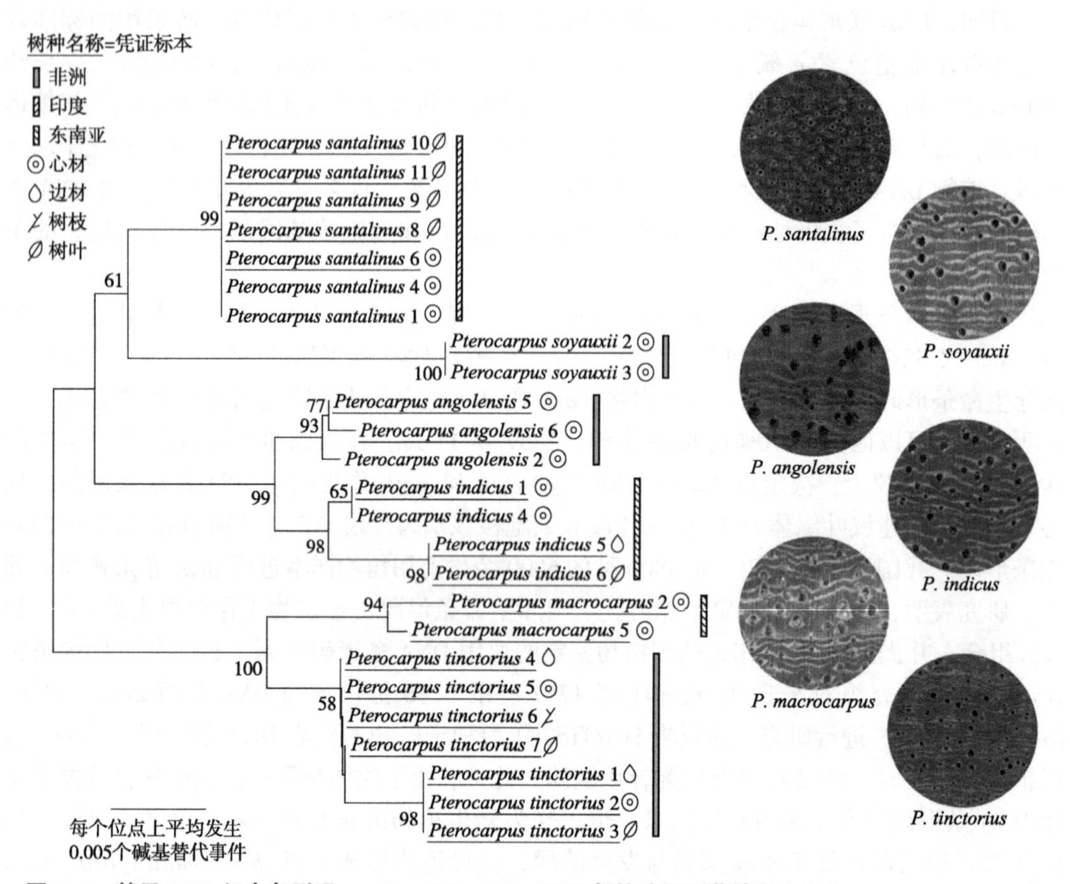

图 3-2 基于 DNA 组合条形码 *matK+ndhF-rpl32+ITS2* 邻接法识别紫檀属木材(Jiao L et al., 2018)

对筛选出的 DNA 高变区进行 DNA 获取成功率评价。基于叶绿体全基因组比对分析优选出适用于木材识别的高分辨 DNA 条形码，可提高特定属内木材树种的识别成功率。

目前，尽管 DNA 条形码还未完全实现规范化和通用化，但是该项技术将为今后生物物种鉴定的发展提供新的方向。DNA 条形码技术不仅是对传统物种鉴定的强有力补充，而且使鉴定过程实现了标准化和自动化，突破了对经验的过度依赖，为物种鉴定技术提供了新的途径。DNA 条形码技术的快速发展，已开始在生态学调查、濒危物种监管和保护、中草药资源与木材识别、法医鉴定、药物和食品市场监督等领域得到应用。

3.1.3 PCR 扩增

聚合酶链反应(polymerase chain reaction，PCR)，是 20 世纪 80 年代中期由美国 PE-Cetus 公司人类遗传研究室凯利 · 穆利斯等发明的一种体外核酸扩增技术，目前已广泛应用于基因分离、基因检测、克隆和核酸序列分析等研究领域。

PCR 技术类似于 DNA 的天然复制过程，其特异性依赖于与靶序列两端互补的寡核苷酸引物，可以在短时间内获得大量的特定基因片段，通常分为以下三个基本步骤。

①模板 DNA 变性：加热至 95℃左右，双链 DNA 解离成单链。

②模板 DNA 与引物的退火(复性)：将温度降至引物的 T_m 值以下，3' 端与 5' 端的引物

各自与两条单链 DNA 模板的互补区域通过氢键配对结合。

③引物的延伸：在 *Taq* DNA 聚合酶作用下，以 dNTP 为原料，靶序列为模板，按碱基配对与半保留复制原理，合成一条新的双链。重复循环变性、退火、延伸这三个过程，使 DNA 扩增量呈指数上升。

研究表明，DNA 片段长度、木材机械加工程度、储存时间和不同径向位置的木材组织，均是影响 PCR 扩增的重要因子。通常长度较短的 DNA 片段 PCR 扩增成功率更高；从加工程度低以及储存时间较短的木材样品中提取的 DNA 片段，扩增成功率较高；相比于木材心边材过渡区和心材 DNA，从边材中提取的 DNA 片段扩增成功率更高。另外，由于木材组织中含有大量的抑制扩增的多酚、多糖等代谢物，这些成分会严重干扰 PCR 扩增反应的顺利进行。向 DNA 裂解液中加入聚乙烯吡咯烷酮(polyvinyl pyrrolidone，PVP)等化学成分，可以有效去除多酚等抑制物的干扰，显著提高 PCR 扩增的成功率。

扩增后的目的产物可以通过 PCR 产物纯化试剂盒进行纯化，以去除 PCR 扩增反应产物中残存的核苷酸、酶、矿物油和其他 DNA 样品杂质，并高效收集其中的 DNA 目的片段，为测序提供较高纯度的扩增产物。

3.1.4　物种识别方法

纯化后的木材 DNA 扩增产物，可进行直接测序或克隆测序。根据测序序列进行物种鉴定。目前，DNA 条形码物种鉴定的方法主要有相似性搜索算法、距离法及建树法等。

全球主要的生物基因库主要有美国国立生物技术信息中心(National Center for Boitechnology Information，NCBI)、欧洲生物信息研究所(EMBL-European Bioinformatics Institute，EMBL-EBI)、日本 DNA 数据库(DNA Data Bank of Japan，DDBJ)和国家基因库生命大数据平台(China National GeneBank Database，CNGBdb)。相似性搜索算法是目前各大数据库进行搜索查询的主流方法。目前常用的相似性搜索算法是基于局部比对算法的搜索工具(basic local alignment search tool，BLAST)。BLAST 将查询序列与参考数据库进行比较，通过两两序列局部比对或者搜索短的核苷酸字符串来查询数据库中与之最匹配的序列，并对比对应区域进行打分以确定同源性的高低。

距离法是将查询序列与参考序列进行两两比对，当参考序列与查询序列有最小的两两对比距离时，即可对结果进行判定。参考序列与查询序列之间的遗传距离可基于多个核酸替换模型，如 Kimura-2-parameters model(K2P)，Hasegawa，Kishino and Yano(HKY)等。

建树法是通过物种系统进化关系重建来达到物种鉴定的目的。建树的目的并不是利用条形码进行系统发育树重建，而是为了检验每个物种的单系性，即同一物种的不同个体能否紧密聚类到一起。进化树的构建是一个统计学问题，构建出来的进化树只是对真实的进化关系的评估或者模拟。如果选用了一个适当的方法，那么所构建的进化树就会接近真实的“进化树”。目前，建树的工具包括 PHYLIP、MEGA、PAUP、MrBayes 等。生物学中常用的建树方法有邻接法(neighbor joining，NJ)、最大简约法(maximum parsimony，MP)、最大似然法(maximum likelihood，ML)以及算术平均数的非加权成组配对法(unweighted pair group method with arithmetic mean，UPGMA)。一般推荐用两种不同的方法构建进化树，如果所得到的进化树拓扑结构类似，则结果较为可靠。进化树构建完成后，需要对其进行评估，主要采用自举法。一般而言，自举值大于 70，则认为构建的进化树较为可靠。如果自举值太低，则有可能进化树的拓扑结构有错误，进化树是不可靠的。

3.2 研究与应用

木材进出口贸易中所需鉴定的样品大多是经过干燥处理或较长时间存储的干木材。受干燥处理及存储时间等因素影响，木材细胞中残存的 DNA 会进一步发生降解及片段化。有研究表明，仅能从存储数十年的干木材中获取长度小于 200 bp 的 DNA 片段。然而，用于物种识别的植物 DNA 条形码片段长度通常大于 650 bp，这就给 DNA 条形码技术应用于已发生严重 DNA 降解的木材样品的识别带来了很大难度。

微型 DNA 条形码是一段长度通常为 100～250 bp 的可用于物种识别的短 DNA 片段，针对博物馆动物标本等 DNA 发生降解材料提出。与完整 DNA 条形码(约为 650 bp)相比，微型 DNA 条形码具有更高的获取成功率，同时与完整 DNA 条形码物种识别能力也较为接近。因此，微型 DNA 条形码为 DNA 发生严重降解的干燥处理或长期存储木材的物种识别提供科学新途径。

针对紫檀属树种中构造特征非常相似的檀香紫檀和染料紫檀木材，开展了微型 DNA 条形码识别工作。由于二者宏观及微观构造极为近似，通过传统的木材解剖技术很难实现鉴别区分(图 3-3)。通过研究檀香紫檀和染料紫檀木材树种的序列差异，开发特异专属性的 DNA 引物，为有效鉴别提供了科学途径。

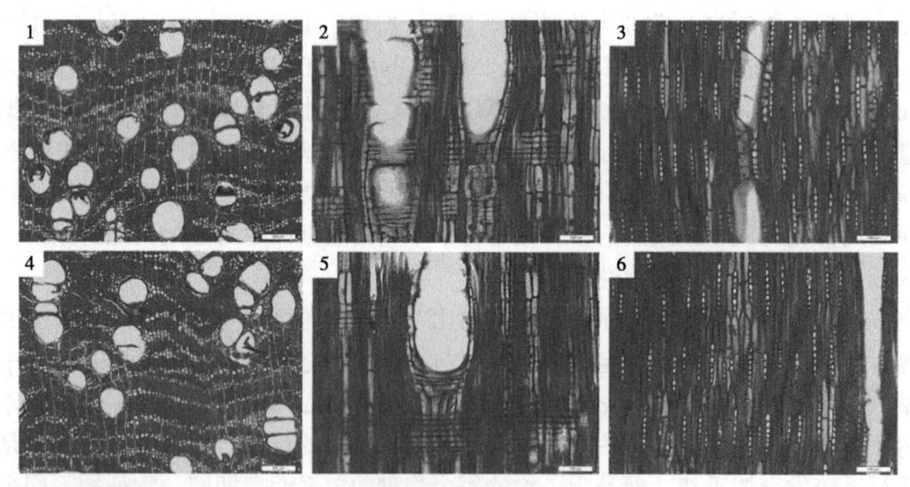

1、2、3—檀香紫檀木材三切面；4、5、6—染料紫檀木材三切面；标尺-200 μm（1、4），100 μm（2、3、5、6）。

图 3-3 檀香紫檀和染料紫檀解剖构造三切面(Jiao et al.，2018)

与染料紫檀相比，檀香紫檀片段长度约 170 bp 的微型 DNA 条形码 *ndhF-rpl32* 存在一段明显的碱基缺失。因此，通过微型 DNA 条形码 *ndhF-rpl32* 能够有效区分檀香紫檀和染料紫檀，证明了微型 DNA 条形码在物种识别方面的有效性。同时，相比于其他长片段 DNA 条形码，微型 DNA 条形码 *ndhF-rpl32* 有更高的获取成功率，这为 DNA 发生严重降解的干燥处理或长期存储木材的识别提供了可能(图 3-4)。

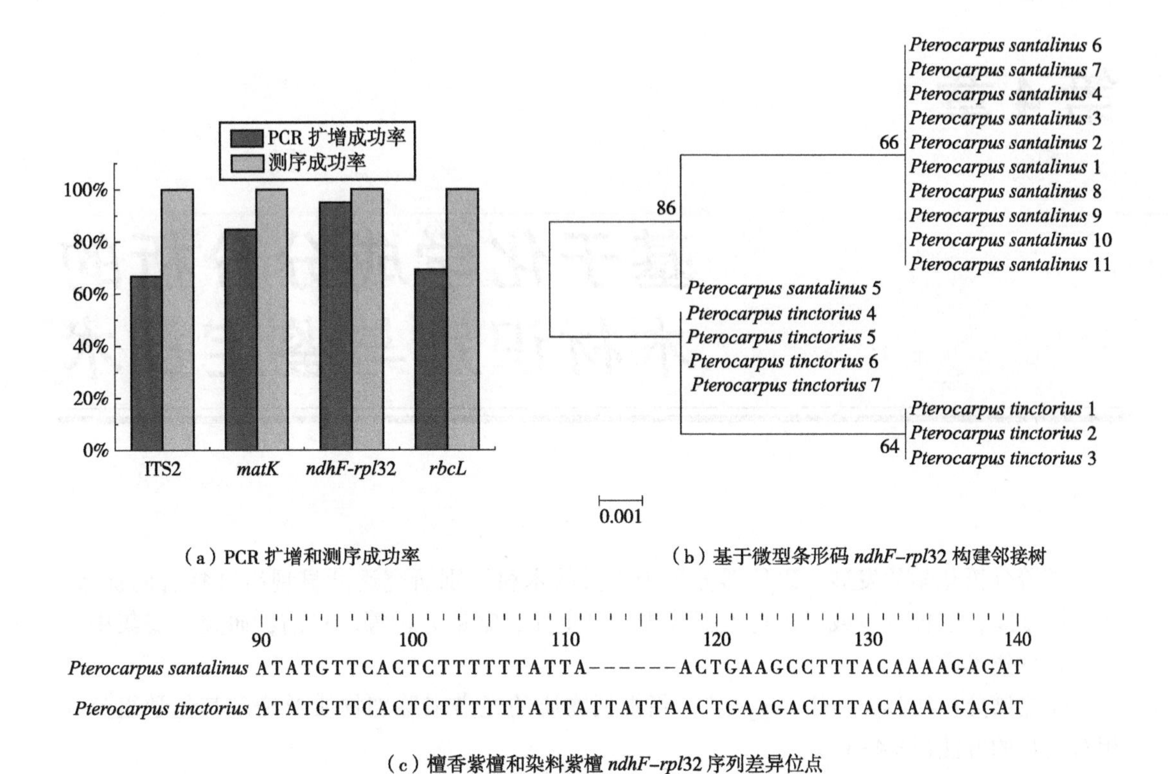

（a）PCR 扩增和测序成功率　　（b）基于微型条形码 *ndhF-rpl*32 构建邻接树

（c）檀香紫檀和染料紫檀 *ndhF-rpl*32 序列差异位点

图 3-4　基于微型 DNA 条形码 *ndhF-rpl*32 区分檀香紫檀和染料紫檀（Jiao et al.，2018）

第 4 章

基于化学成分分析的木材识别与鉴定技术

随着分析化学的发展，以仪器分析为手段的木材识别研究逐渐显现出其独有的优势，如灵敏度高，取样量少或可进行无损分析，可定性、定量分析等。目前，研究主要集中于以下几种技术方法。

①光谱分析法(spectral analysis)：指根据物质的光谱来鉴别物质及确定其化学组分和相对含量的方法(图 4-1)。

②色谱分析法(chromatographic analysis)：指按物质在固定相与流动相间分配系数的差别进行分离、分析的方法。

③质谱分析法(mass spectrographic analysis)：指利用电场和磁场将运动的离子(带电荷的原子、分子、离子等)按它们的质荷比分离后进行检测的方法。

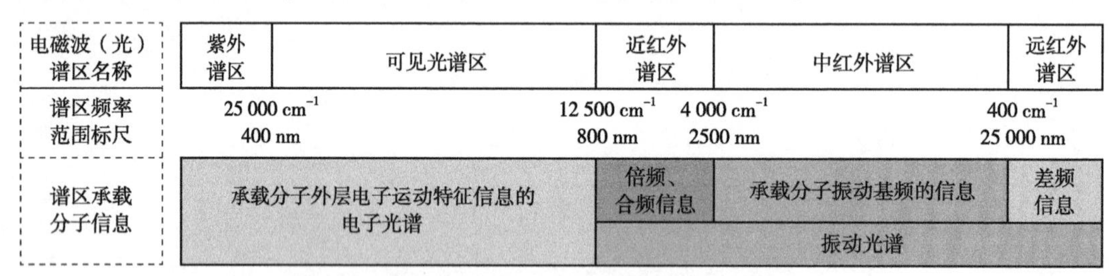

图 4-1 可见光与红外光谱的频率范围与承载信息

4.1 近红外光谱分析法

近红外光谱(near infrared，NIR)是介于可见光和中红外之间的电磁辐射波，美国材料检测协会(American Society for Testing and Materials，ASTM)将近红外光谱区波长范围定义为 780~2526 nm，习惯上又可分为近红外短波(780~1100 nm)和近红外长波(1100~2526 nm)两个区域。由于近红外谱区光谱带较宽，且重叠严重，导致光谱中与化学成分及含量相关的信息很难被直接认定，并给予合理解析。20 世纪 80 年代，化学计量学的引入解决了传统工作曲线法无法准确定量分析的难题，推动了近红外光谱分析技术的发展与应用。

4.1.1　基本原理

近红外光谱属于分子振动光谱的倍频和主频吸收光谱，主要是由分子振动的非谐振性使分子振动从基态向高能级跃迁时产生的，其工作原理是当近红外光谱区与有机分子中含氢基团(O—H、N—H、C—H 等)振动的合频和倍频的吸收区一致时，通过扫描可以得到样品中有机分子含氢基团的特征信息。当近红外光照射时，频率相同的光线和基团发生共振现象，光的能量通过分子偶极矩的变化发生传递；当近红外光的频率和样品的振动频率不相同时，该频率的红外光则不会被吸收。

近红外光谱分析技术主要包括透射光谱分析技术和反射光谱分析技术。透射光谱分析是指将待测样品置于光源与检测器之间，检测器所检测的光是透射光或与样品分子相互作用后的光(承载了样品结构与组成信息)。反射光谱分析是指将检测器和光源置于样品的同一侧，检测器所检测的是样品以各种方式反射回来的光。根据物体对光的反射情况，反射光谱又可分为规则反射光谱(镜面反射光谱)和漫反射光谱。

4.1.2　仪器组成与结构

近红外光谱仪主要由硬件和软件组成：硬件是指测量样品的光谱测量单元，软件是指对光谱进行处理、提取样品信息的化学计量单元，如图 4-2 所示。

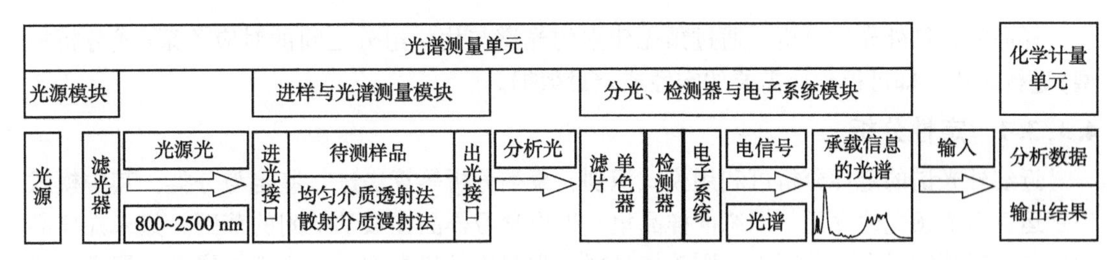

图 4-2　近红外光谱仪结构示意图

4.1.2.1　光谱测量单元

光谱测量单元是一种能够运用不同类型光谱对不同类型样品进行测量的平台，主要由光源模块、进样与光谱测量模块以及分光、检测器与电子系统模块组成。光源模块产生用于分析的光源光，从进光接口投射至待测样品，经过相互作用将样品信息加载到光源光之上，形成承载样品原始信息的分析光。通过分光、检测器后光信号转换为电信号，并被输入至电子系统模块提取相应的信息。根据光谱扫描的基本方式，可分为色散型光谱仪和傅里叶变换型光谱仪。

(1)光源模块

光源模块提供应用于承载分析信息的原初信号——光源光，是影响仪器信噪比的重要器件之一。近红外光谱仪常用的光源是卤钨灯，这类光源在近红外区的相对强度较高、寿命较长、稳定性好。滤光器是用以改善光源光的光谱特征，提高光源光的利用效率。

(2)进样与光谱测量模块

进样与光谱测量模块是通过将光源光照射样品，使两者相互作用，将样品信息加载至光源光，形成加载了样品信息的分析光，主要由进光接口、样品池和出光接口等器件组成。进光接口是光源与样品之间的光耦合与传输器件，由透镜、反射透镜等集光器件或光导纤维等组成，起到了聚集分析光，提高分析信号的强度与信噪比的作用；样品池用来存放待测样品；出光接口是样品与波长分离器(检测器)之间的光耦合与传输器件，由积分球，或透镜、反射镜等集光器件或光导纤维等组成，其功能是聚集通过样品后的分析光，使其能够高效通过波长分离器。

(3)分光、检测器与电子系统模块

分光、检测器与电子系统模块是将分析光信号转换为电信号，并以谱图的形式进行表达。分光模块是指通过机械方式或数字方式，将包含多种波长成分的复色光在空间或时间上进行分离。例如，色散型光谱仪属于机械分光，其核心是单色器；傅里叶变换光谱仪属于运用算法的数字分光，其核心是迈克尔逊干涉仪。检测器与电子系统模块是将光信号转换为相应的电信号，以便应用电子学方法对信号进行处理和表达，最终得到分析光中各个波长成分的强度随波长变化关系的记录，即样品的近红外光谱。

4.1.2.2　化学计量单元

化学计量单元负责处理和提取样品信息，加载了样品信息的光谱输入至近红外分析系统中，由化学计量学软件处理并提取光谱中的信息，输出分析结果。

4.1.3　分析方法

样品的近红外光谱分析，通过预先建立的光谱与化学组分之间的对应关系(或分析模型)进行对比，即可得到所需要的定性或定量数据。

4.1.3.1　定性分析

近红外光谱的定性分析可利用模式识别、聚类分析等算法进行鉴定与分类，其中模式识别运算需要预先建立用于训练的样品集，得出学习样品在数学空间的范围。如未知样品的检测和运算结果在此范围内，则该样品属于学习样品集类型；反之则不属于。聚类运算则无须建立学习样品集，主要通过分析样品光谱特征的近似程度进行分类。

4.1.3.2　定量分析

定量分析需要建立光谱参数与样品含量间的关系——标准曲线，尤其是针对复杂样品的近红外光谱的分析。由于近红外光谱中各个谱区内都包含多种成分的信息，同一种组分的信息分布在多个谱区，即谱峰重叠。虽然不同组分在某一谱区可能重叠，但在全光谱范围内不可能完全相同。为了区别不同的组分，需要建立全谱区的光谱特征与待检测样品信息之间的关系——数学模型，基本流程如下：

(1)标准样品光谱集的收集和建立

在测定的浓度或性质范围内，一般采用多次重复测量同一样品或不同批次样品的方式收集光谱，以平均光谱近似作为该样品的标准光谱集。样品光谱集覆盖范围的大小根据实际需要确定，覆盖范围越大，适用面越宽，分析精度可能变差；反之，适用面变宽，分析结果的精度相对较高。

(2)光谱校正及预处理

此流程主要是为了消除仪器因素(光源、测量方式等)、环境因素(温度等)和样品物态

(颜色、形态等)对光谱数据的影响。通过校正处理，降低光谱背景干扰，提高光谱质量和规范程度；通过平滑、扣减、中心化、导数及归一化等预处理方法，提高光谱的分辨率。

(3)光谱特征的提取

近红外光谱定量分析数学模型的谱区大小(光谱的数据点)一般应根据样品的特点而选定，扩大谱区的覆盖范围会增加光谱信息的采集量，也不可避免地包含了丈量误差。为了避免丈量误差影响数学模型的稳定性，选择合适的光谱特征有助于降低数据处理运算量。样品的化学组分不同，提取出正确的光谱特征是提高鉴别准确率的关键。

(4)模型的建立与校验

常用的建立定量模型的方法有：主成分分析(principal component analysis，PCA)、多元线性回归(multiple linear regression，MLR)、偏最小二乘回归(partial least squares regression，PLS)、小波变换(wavelet transform，WT)、人工神经网络(artificial neural network，ANN)等。每种方法各有其特点，针对实际问题进行使用和调整，不再赘述。

(5)模型评价与维护

通过将验证样品的检测结果与已知的参数数据进行比较运算，并采用残差、相关系数、标准偏差等指标对模型进行评价。在检测过程中会遇到模型无法识别的样品，说明样品可能不在模型范围内，根据实际需要对模型进行补充、完善和维护。

(6)样品检测与分析

使用近红外光谱仪获取待测样品的光谱图，通过软件对模型库进行检索，选择正确模型计算待测样品参数。

4.1.4 研究与应用

近红外光谱包含了丰富的物质信息，光谱与样品本身的组成结构及其含量密切相关，因此，近红外光谱可用于物质的定性判别分析，即通过比较未知样品与已知样品(或标准样品)的光谱来确定未知样品的归属。目前，近红外光谱技术在木材识别领域的研究与应用，主要集中于不同产地来源木材的识别，材色相近木材的识别，木质复合材料用材树种的识别，树木不同部位化学组分及其含量测定与分析等方面。

4.1.4.1 针叶树材、阔叶树材的识别

针叶树材和阔叶树材在组织、构造上差异明显，针叶树材的主要细胞为管胞，阔叶树材主要由导管分子、木纤维、薄壁细胞及少量管胞组成。对于实木制品，可依据木材构造特征进行鉴定；对于人造板类产品，如纤维板、刨花板及胶合板等，则很难通过观察木屑、刨花的构造特征进行木材识别。木材的细胞组织和构造特征会影响木材对近红外光谱的吸收，细胞微纤丝角度不同，近红外光程会有所不同。此外，针叶树材和阔叶树材在三大素(纤维素、半纤维素和木质素)、抽提物等化学组分的种类和含量上也存在明显差异，这些化学物质中含有大量的含氢基团，在近红外区呈现出不同的吸收状态，为利用近红外光谱技术识别针叶树材和阔叶树材提供了依据。

该研究以针叶树材杉木和阔叶树材桉木为对象，通过采集木材样品表面的近红外漫反射光谱建立预测模型，其中一部分样品作为数据校正集，用于模型建立和模型的完全交互验证；另一部分样品作为数据检测集，用于模型检验。

杉木和桉木的近红外光谱如图 4-3 所示，研究表明，两种木材的光谱在短波区域(780~900 nm)差别较大，这主要与两者表面颜色和发色基团的差异有关。在长波区域(1100~2500 nm)的近红外光谱由于谱带较宽且重叠严重，两种木材的光谱差异不明显。因此，研究采用了近红外光谱结合偏最小二乘判别分析法考察了模型的识别正确率，相关系数、校正标准误差等指标，对短波和长波两个波段的近红外光谱识别效果进行分析，并与全波谱(780~2500 nm)识别效果进行比较。研究表明，预测分类变量值与实际值之间的相关性可达 0.98~0.99，短波或长波波段的近红外光谱结合偏最小二乘判别分析法可以建立准确识别针叶树材和阔叶树材的模型。

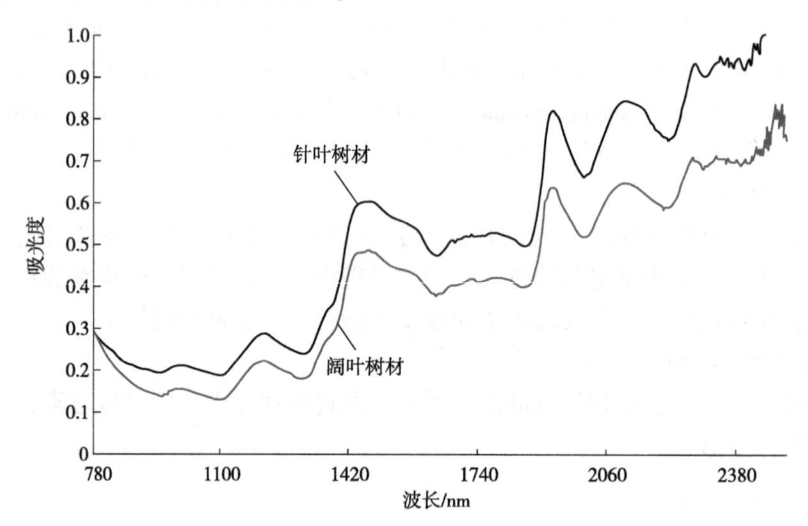

图 4-3　杉木和桉木的近红外光谱图(杨忠 等，2012)

4.1.4.2　不同产地木材的识别

使用化学计量学方法对近红外光谱数据进行建模是近红外光谱分析中的难点和关键，新的模型算法和应用不断出现，但各种算法、模型既具优点，也存在一定的局限性。为提高近红外光谱法预测模型的精确度，解决同属不同种木材之间的识别难题，需要建立相应的数学模型和优化方法。

该研究选取市场常见的紫檀属、黄檀属、柿树属、伯克苏木属和楠属的部分树种为研究对象，采集原木、家具木材的原始近红外光谱，并进行预处理和差异分析。结合不同的建模方法，建立波段为 1000~1650 nm 的树种识别模型。不同于针叶树材、阔叶树材的基本结构单元具有明显差异，阔叶树材之间的差异主要体现在抽提物的种类、含量的不同；同种木材之间的构造特征(如不同切面)、纹理方向、节点位置等不同，也会对近红外光谱的吸收强度产生影响(图 4-4)。仅通过原始近红外光谱的特征峰位置、强度的对比，无法实现精准的预测和识别，需要通过建立合适的识别模型进行定性分析。

该研究在对原始光谱数据进行平滑、一阶导数和正交信号校正预处理后，分别采用了簇类独立软模式法(SIMCA)、偏最小二乘法判别分析法(PLS-DA)、极限学习机(ELM)、最小二乘支持向量机(LS-SVM)和概率神经网络(PNN)5 种建模方法建立了识别模型。以 SIMCA 模型与 PLS-DA 模型为例，两者的验证识别率如图 4-5 所示。SIMCA 是一种以主

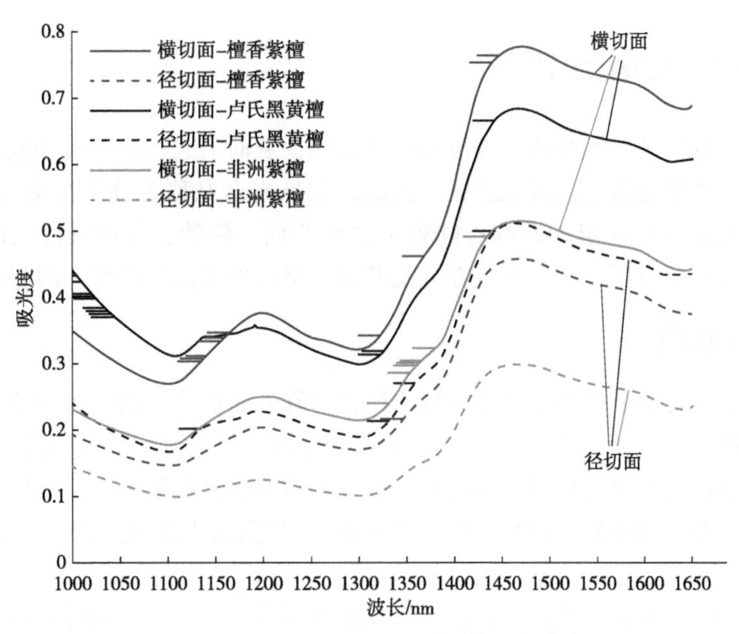

图 4-4　木材不同切面原始近红外光谱图(张雯雅，2015)

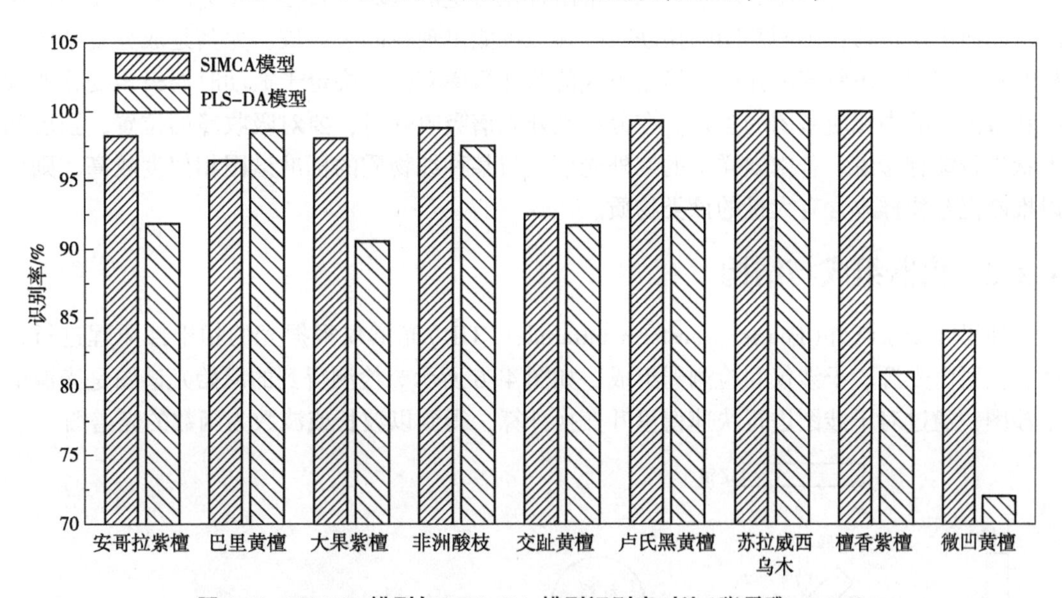

图 4-5　SIMCA 模型与 PLS-DA 模型识别率对比(张雯雅，2015)

成分分析为基础的方法，通过对校正集中每一类样品的光谱数据矩阵分别进行主成分分析，建立每一类的主成分分析数学模型，然后对未知样品分类。偏最小二乘法判别分析是一种根据观察或测量到的若干变量值，来判断研究对象如何分类的常用统计分析方法。通过对不同处理样本的特性分别进行训练，应用模型参数和残差诊断工具建立回归模型，并检验训练集的可信度。由于两个模型的算法不同，在不同树种的识别率上各有优劣。由此可见，进一步提升树种识别正确率，拓宽模型适用的树种范围，需要积累更多的原始数据，并对识别模型参数进行持续的优化。

4.2 中红外光谱分析法

红外光谱是分子选择性吸收某些波长的红外线，从而引起振动、转动能级和电子的跃迁，它们所吸收的能量落在红外光谱区，因此，红外光谱又称为分子振动-转动光谱。不同木材的化学组分存在一定的差异；同种木材的产地、树龄、立地条件及取材部位的不同，其化学组分也会有所差别，这些差异是开展木材红外光谱分析研究的基础。

4.2.1 基本原理

红外光谱是化合物分子振动时吸收特定波长的红外光而产生的。由于原子的种类、化学键性质、官能团所处的化学环境不同，其振动能级从基态跃迁到激发态所需的能量不同，化合物的吸收光谱也呈现出各自特征。红外光谱定性分析的基础是不同波长吸收峰的位置、强度及形态有所差异，定量分析的基础则是其遵循朗伯-比尔定律，即吸光度和浓度呈正比关系。

红外光谱的三要素是指吸收峰的位置、强度和形状，位置是吸收峰最明显的特征。每一类具有红外活性的基团振动吸收峰经常出现在特定的区域，其位置又会因具体化学结构的不同而产生位移；不同基团的振动吸收峰也可能出现在同一区域，尤其是成分复杂的木材红外光谱图。吸收峰的强度与简振模式的跃迁概率有关，决定于振动时偶极矩变化的大小和待测样品中相应基团的含量。在分析红外光谱吸收峰时，要对吸收峰的位置、强度和形状进行综合考虑。若未知样本的红外光谱图与某种纯物质的标准谱图相似度较高，则可以推断混合物样本含有大量的该类物质。

4.2.2 仪器组成与结构

傅里叶变换红外(Fourier transform infrared，FTIR)光谱仪根据光的相干性原理进行设计，主要由光源、干涉仪和检测器组成，如图 4-6 所示。检测得到的原始光谱图是光源的干涉图，通过对干涉图进行快速傅里叶变换计算，得到以波长或波数为函数的光谱图。

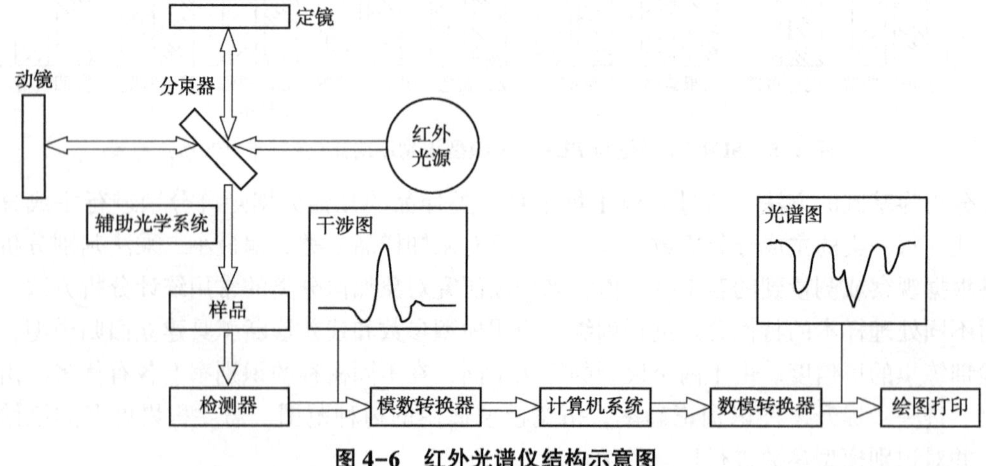

图 4-6　红外光谱仪结构示意图

4.2.2.1　光源

光源需要能够发射出稳定、高强度、发射度小且具有连续波长的红外光，常见光源主要有：能斯特(Nernst)灯，其特点是光的能量比较强，但需要预热。碳化硅光源，其特点是能量强、功率大、热辐射强，但需要冷却。陶瓷光源是目前使用较多的光源，分为水冷却光源和空气冷却光源两种。

4.2.2.2　干涉仪

迈克尔逊干涉仪是傅里叶红外变化光谱仪的核心部分，其作用是将复色光变为干涉光，基本工作原理是当光源 S 发出的光射向分束器 A 板而分成 L_1 和 L_2 两束光，这两束光经反射镜 G_1 和 G_2 的反射，分别通过 A 的两表面射向观察处 O，相遇而发生干涉。分束器 B 的作用是使 L_1 和 L_2 的光程差仅由 G_1、G_2 与 A 板的距离决定，如图 4-7 所示。

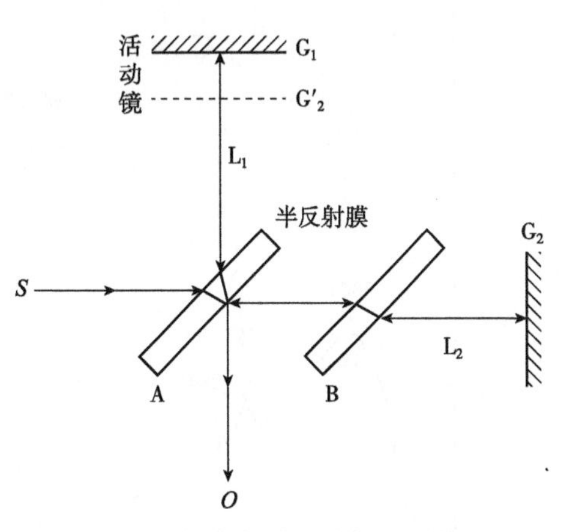

图 4-7　迈克尔逊干涉仪原理图

4.2.2.3　检测器

检测器一般包括热检测器(如真空热电偶、电阻测辐射热汁)和光检测器(如高莱池)两大类。

①真空热电偶：是目前最常用的检测器之一。

②高莱池：是一种灵敏度较高的气胀式红外检测器。

③电阻测辐射热计：是把某些热电材料的晶体放在两块金属板(热敏元件)中，当光照射到晶体上时，晶体表面电荷分布变化，电阻发生变化，电桥失去平衡，并产生信号输出，从而实现红外辐射功率的测量。

4.2.3　研究与应用

4.2.3.1　卢氏黑黄檀与檀香紫檀的红外光谱识别研究

檀香紫檀和卢氏黑黄檀分别产于亚洲印度和非洲马达加斯加等地，两种木材都被收录于国家标准《红木》中。从宏观特征上看，卢氏黑黄檀的心材新切面紫红色，久则转为深紫色或黑紫色，酸香气微弱，结构甚细至细，纹理交错；从微观特征上看，隶属于黄檀属的卢氏黑黄檀的射线组织同形单列，单列射线(偶两列)，均与紫檀属檀香紫檀近似。深入木材内部，木材的内含物不尽相同，如糖类、单宁、色素、淀粉、果胶质、脂肪酸、萜类、酚类物质、甾醇等，都为树种间的比较研究提供了化学物质基础。

该研究是使用红外光谱分析技术对檀香紫檀和卢氏黑黄檀的化学组分及识别方法进行分析，将样品心材进行苯醇抽提处理，所得产物放入傅里叶变换红外光谱仪中进行扫描(光谱范围 4000~400 cm^{-1})，谱图经归一化处理后用于对比分析。

如图 4-8 所示，檀香紫檀在 2931 cm^{-1}、2853 cm^{-1}、1732 cm^{-1} 处特征吸收峰的强度明显强于卢氏黑黄檀，并在 1548 cm^{-1}、1513 cm^{-1}、1498 cm^{-1} 处出现了归属于苯环骨架振动的特征吸收峰，而卢氏黑黄檀仅在 1509 cm^{-1} 处存在一个较强的特征吸收峰，这表明两个树种的苯醇抽提物所含有的芳香类物质结构差异较大。红外光谱的指纹区中，卢氏黑黄檀

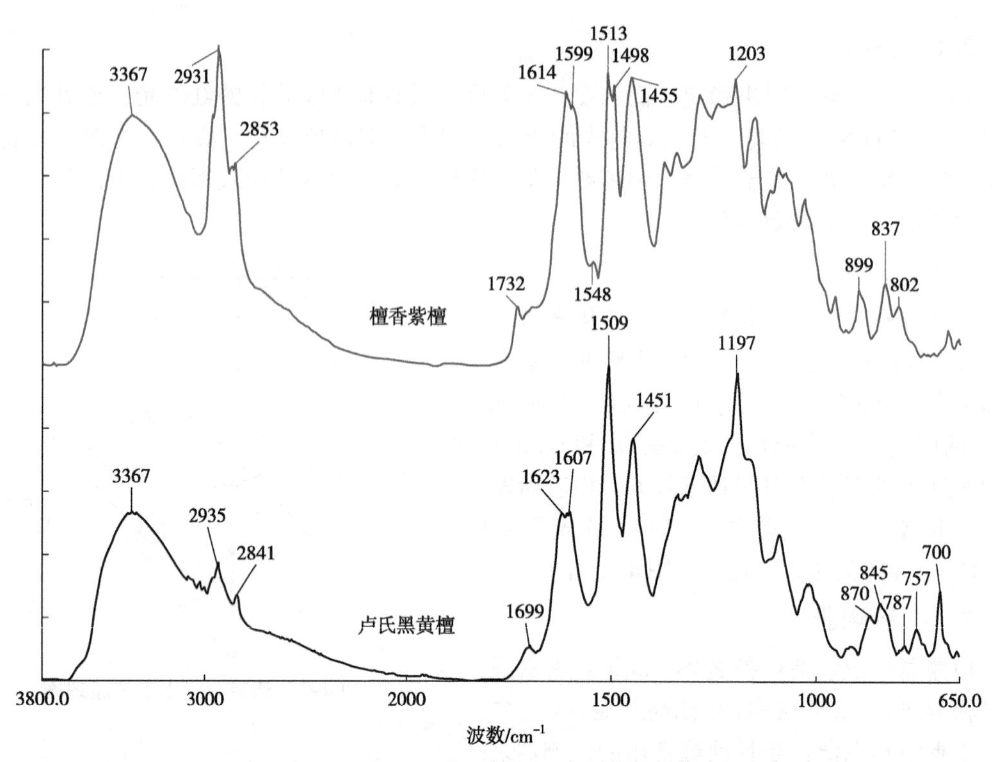

图 4-8　檀香紫檀与卢氏黑黄檀的苯醇抽提物红外光谱图(张方达，2014)

在 845 cm^{-1} 和 700 cm^{-1} 处存在分别归属于 C—H 面外弯曲振动和伸缩振动的特征吸收峰，而檀香紫檀的谱图中未出现。这些不同化学组分所反映出的微小差异是对特征相似树种进行科学准确鉴定的重要辅助技术方法。

4. 2. 3. 2　心材和边材的红外光谱比较分析研究

在木质部中，靠近树皮(通常颜色较浅)的外环部分称为边材，髓心与边材之间(通常颜色较深)的木质部称为心材。边材向心材的转化是一个非常复杂的生物化学过程，这个过程中，活细胞死亡，细胞腔中出现了单宁、色素、树胶、树脂及碳酸钙等沉积物，材质变硬、密度增大、渗透性降低、耐久性提高，这些物质组成及其含量影响了特征吸收峰的位置和强度。

该研究选用花榈木(*Ormosia henryi*)作为研究对象，从样品心材、边材部位分别取样，经粉碎、冷冻研磨、过筛后压片，使用傅里叶红外光谱仪扫描得到红外光谱图。

如图 4-9 所示，花榈木边材和心材的大部分吸收峰的峰位和强度无明显差异，如 3340 cm^{-1} 处表征羟基(—OH)伸缩振动的特征吸收峰；2920 cm^{-1} 处表征纤维素甲基和亚甲基(C—H)伸缩振动的特征吸收峰，以及 1035 cm^{-1} 处表征 C—H 芳香族面内弯曲振动的特征吸收峰，表明细胞壁中的三大素决定了木材的主要性质。不同的是，波数 1590~1750 cm^{-1} 归属于木质素芳香族骨架动态发育的特征吸收峰出现了一定差异；1590 cm^{-1} 处表征木质素苯环碳骨架振动的特征吸收峰，边材呈现单峰，心材则为明显的双峰，表明边材向心材转化过程中部分组分逐渐发育，相对含量趋于稳定。心材更有利于开展木材成分和化学性质的比较研究，结合木材解剖学特征可作为物种鉴定的依据。

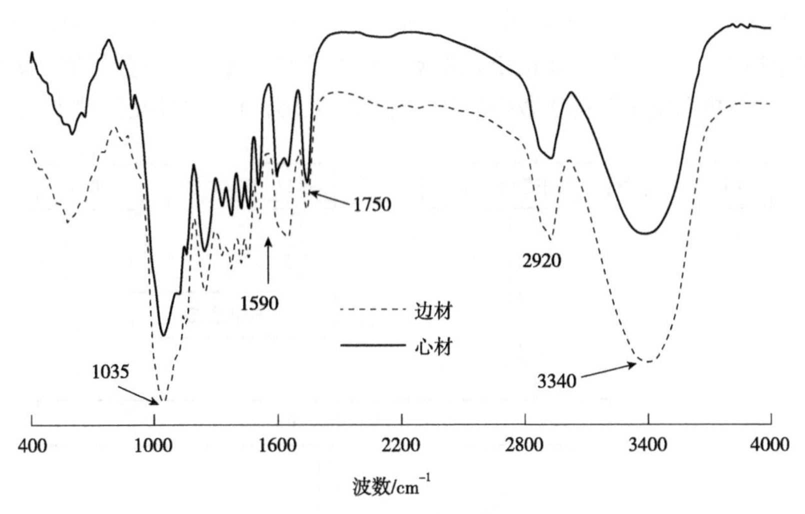

图 4-9　花榈木的心边材红外光谱比较(赵阅书 等，2019)

4.3　气相色谱-质谱联用分析法

气相色谱-质谱联用(gas chromatograph-mass spectrometer，GC-MS)，是将气相色谱的流出组分输入到质谱系统中进行定性和定量分析的方法。气质联用技术的产生结合了气相色谱分析和质谱的优势，能够实现样品定性和定量分析的目的，被广泛应用于工业检测、食品安全、环境保护等领域。

4.3.1　基本原理

气相色谱分析是利用一定温度下，不同化合物在流动相(载气)和固定相中分配系数的差异，使不同化合物按时间先后从色谱柱中流出，从而达到分离、分析的目的。气相色谱分析通过区别不同化合物的保留时间进行定性分析，通过测定色谱峰高或峰面积进行定量分析，其特点是具有高效的分离能力，但定性、定量能力差。质谱分析是将汽化的样品分子在高真空离子源内转化为带电离子，经电离、引出和聚焦后进入质量分析器。在磁场或电场作用下，按时间顺序或空间位置进行质荷比(质量和电荷的比，m/z)分离，最后被离子检测器检测，其特点是具有强大的化合物结构鉴定能力，能给出化合物的相对分子质量、分子式及结构信息；但对待测组分要求纯度高、组分单一，无法满足混合物质的分析。

在气相色谱-质谱联用系统中，气相色谱仪主要起到检测器的作用，在高真空离子源的条件下，被汽化的样品分子在离子源的轰击下转为带电离子。进入质量分析器后，带电离子在电场和磁场的作用按照质荷比的差异实现分离，并根据时间顺序和空间位置的不同通过离子检测器完成分析。这种联用系统综合利用了气相色谱高效分离和质谱高准确度测定的优势，实现了对成分复杂的样品进行定性、定量分析与结构鉴定的目的。

4.3.2　仪器组成与结构

气质联用仪主要由气相色谱单元、接口、质谱单元和计算机系统组成，其中气相色谱单元一般包括载气控制系统、进样系统、色谱柱和控温系统等；接口包括传输线路和不同单元之间的气压或流量匹配器；质谱单元主要包括离子源、离子质量分析器、离子检测器及真空系统等；计算机系统主要用于数据采集、存储、处理、检索及控制，如图 4-10 所示。

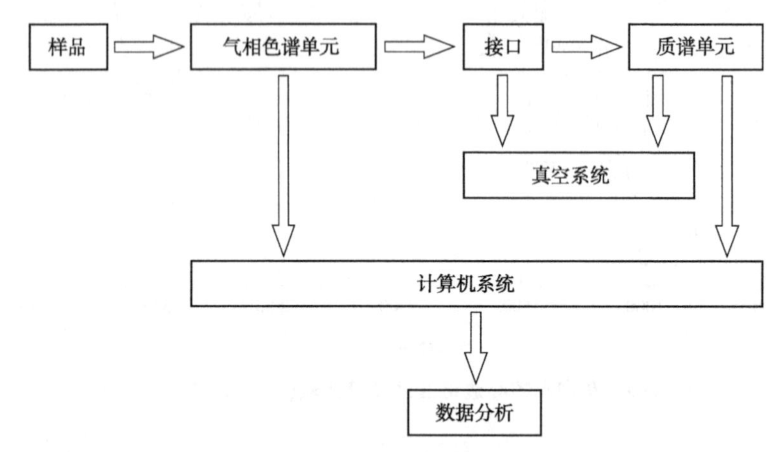

图 4-10 气质联用仪组成结构示意图

4.3.2.1 气相色谱单元

(1)载气控制系统

GC-MS 的气源主要是氦气、氩气、氮气等，载气从高压气瓶(约 15 MPa)经减压阀降至 0.2~0.5 MPa，再经过净化、稳压稳流等环节进入气相色谱进样系统，载气的流速、压力及纯度对样品分离和信号检测有着重要的影响。

(2)进样系统

进样系统由进样器和汽化室组成。GC-MS 要求样品沸点低、热稳定性好，能在一定汽化温度下有效汽化，并实现无歧视、无损失地快速进入色谱柱。为解决进样的歧视现象，提高分析的精密度和准确度，毛细管进样系统不断升级，如分流/不分流进样、毛细管柱直接进样、程序升温柱头进样等；具有样品预处理功能的配件包括固相微萃取、顶空进样器、吹扫-捕集顶空进样器、热脱附仪、裂解进样器等。

(3)色谱柱和控温系统(柱箱)

色谱柱的选择遵循气相色谱的“相似相溶”原理。柱箱用于控制温度的快速升降，对样品在色谱柱中的柱效、保留时间和峰高有着重要的影响。

4.3.2.2 接口

接口一般采用直连的方式，将色谱柱直接接入质谱离子源，其目的是尽可能多地去除载气，保留样品，使色谱柱的流出物转变成粗真空态分离组分，并传输至质谱仪离子源中。

4.3.2.3 质谱单元

(1)离子源

离子源将被分析物分子电离成离子，供离子质量分析器进行检测。常用的离子源有电子轰击源(electron ionization，EI)和化学电离源(chemical ionization，CI)。电子轰击源主要由电离室、灯丝、离子聚焦透镜和磁极组成，其特点是稳定、电离效率高、结构简单、控温方便、谱图重现性好；但电子轰击源只能检测正离子，有时无法得到相对分子质量信息，增加了谱图解析难度。化学电离源是利用反应气体(甲烷、氨气、异丁烷等)的离子与化合物发生相对分子-离子反应实现电离的方法，特点是所得谱图简单、分子离子峰较强、容易得到样品相对分子质量，可用于正负离子两种检测模式；但化学电离源不适用于难挥发、极性较大的化合物。相比前者，化学电离源的谱图重复性较差，碎片离子少，缺乏指纹信息。

(2)离子质量分析器

离子质量分析器又称为质量分离器、过滤器，其作用是将离子源产生的离子按照质荷比的大小分离，并使符合条件的离子通过，不符合条件的离子被过滤掉。常用的离子质量分析器包括单聚焦分析器、双聚焦分析器、飞行时间分析器、离子阱分析器以及四杆分析器等。

(3)离子检测器

离子检测器的作用是将离子束信号放大、传输至数据处理系统，常用的离子检测器主要由电子倍增管、光电倍增管、照相干板法和微通道板组成。

(4)真空系统

真空系统主要包括低真空前级泵(机械泵)、高真空泵(扩散泵或涡轮泵)、真空测量仪表和真空阀件、管路等。质谱单元需要在高真空度下工作，真空压力一般为 $10^{-5}\sim10^{-3}$ Pa。

4.3.2.4　计算机系统

计算机系统一般由调谐程序、数据采集和处理程序、谱图检索程序和诊断程序组成。调谐程序用于调节离子源、离子质量分析器、检测器的参数，从而调整仪器灵敏度、分辨率等。数据采集和处理程序用于采集谱数据点，完成质量校正、谱峰强度校正、峰面积分、定量运算等过程。谱图检索程序是将质谱图在标准谱库中进行匹配，得到相应的有机化合物名称、结构式、相对分子质量等信息。诊断程序起到维护仪器正常运转的作用。

4.3.3　研究与应用

4.3.3.1　利用 GC-MS 对紫檀属不同种木材进行定性分析及鉴定

在植物学研究中，相同物种的植物呈现出相似的代谢产物，不同物种的植物由于基因不同会引起表型不同，在代谢产物上呈现一定的差异，这种现象可用于对植物物种进行分类和鉴定。代谢组是指某一生物或细胞在一特定生理时期内所有的低分子量代谢产物。GC-MS 的优点是分辨率高、灵敏度高、重现性好、成本低，有标准质谱图数据库，适合对样品中复杂的挥发性成分的分析以及化合物的鉴定，可用于对代谢产物的分析和鉴定。

该研究对紫檀属的两种木材檀香紫檀和染料紫檀心材的抽提液进行气质联用分析，并对化合物进行积分和提取，获取保留时间、峰面积等数据，之后利用 NIST11 标准质谱图库对化合物进行匹配和识别。

该研究对比分析了乙醇和水混合液、乙酸乙酯和苯醇三种不同溶剂的抽提液，鉴定得到了 20 余种挥发性化合物，包括醇类、芳香烃、酮类、酚类及黄酮类等物质，表明了木材化学组分的复杂性，而三种溶剂所得提液的总离子流图在出峰数量、种类和峰的相对丰度上均呈现出明显差异，如图 4-11 所示。通过使用化学计量学对这些挥发物进行分析，匙叶桉油烯醇(17.58 min)和紫檀芪(23.65 min)这两种化合物在两个树种中的相对含量差异明显，见表 4-1。

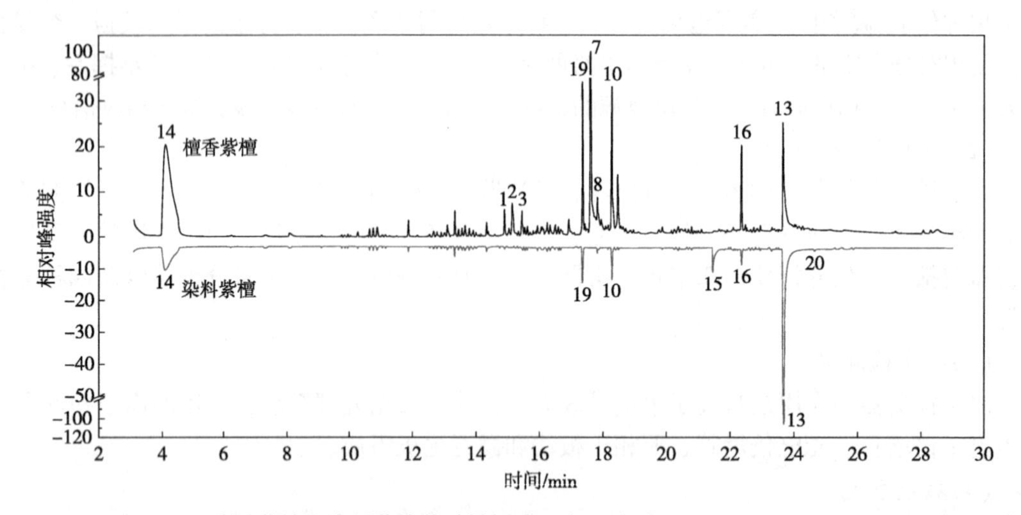

图 4-11　檀香紫檀和染料紫檀苯醇抽提液总离子流图(Zhang M M et al., 2019)

表 4-1　檀香紫檀和卢氏黑黄檀中匙叶桉油烯醇和紫檀芪的相对含量(张毛毛, 2019)

树种名称	抽提方式	相对含量/%	
		匙叶桉油烯醇($C_{15}H_{24}O$)	紫檀芪($C_{16}H_{16}O_3$)
檀香紫檀	乙醇-水混合液	47.18	14.96
	乙酸乙酯	38.21	16.65
	苯醇	16.41	9.24
染料紫檀	乙醇-水混合液	—	98.5
	乙酸乙酯	—	91.36
	苯醇	—	54.75

4.3.3.2　GC-MS 定量分析降香黄檀心材化学组分及相对含量

降香黄檀作为我国独有的珍贵木材，心材具有气味芳香、材质坚硬、花纹细密美观等优点，是制作乐器、高级工艺品和高档家具的名贵材种。

利用 GC-MS 对降香黄檀心材抽提物的化学组分及相对含量进行检测，从种类繁多的化合物中寻找出该木材的特征成分，实现相似木材的鉴定。研究表明，不同的抽提方法、不同的分析条件、不同取材部分等，都会对木材的化学组分及相对含量产生影响。例如，采用水蒸气蒸馏法(参考 2015 年版《中国药典》)提取降香黄檀挥发油，通过与斜叶黄檀、两粤黄檀、藤黄檀、海南黄檀等黄檀属植物的挥发油产物进行对比，可以得到降香黄檀挥发油的特有成分及相对含量，见表 4-2。为减少不同因素对检测结果的影响，需要在对大量样品进行分析的基础上，优化分析参数，建立建全数据库，为实现更准确的基于化学成分分析的木材识别与鉴定奠定数据基础。

表 4-2　降香黄檀挥发油特有成分及其相对含量(张礼行 等，2018)

序号	保留时间/min	化合物名称	降香黄檀/%	海南黄花梨/%
1	14.704	檀香醇	0.24	0.28
2	15.330	喇叭茶醇	0.90	1.33
3	17.265	甜没药萜醇氧化物 A	1.06	1.06
4	17.621	甲基丁香酚	22.37	18.08
5	18.054	反式-橙花叔醇	43.82	46.76
6	18.200	橙花叔醇	19.93	19.72
7	18.656	紫丁香醇	0.80	0.45
8	20.603	环氧化蛇麻烯Ⅱ	8.07	9.06
9	21.890	金合欢醇	0.24	0.16

第 5 章

基于图像处理的木材识别与鉴定技术

图像识别是指利用计算机对图像进行处理、分析和理解，实现识别不同模式和环境中的目标和对象的技术，其目的是让计算机代替人类处理大量繁琐的物理信息。随着人工智能的发展，图像识别技术广泛应用于遥感探查、军事侦察、生物医学、机器视觉等领域。

5.1 计算机数字图像处理识别方法

1980 年出现了最早利用计算机进行木材检索研究的报道，国际木材解剖学家协会(International Association of Wood Anatomists，IAWA)于 1981 年发表了适用于计算机识别的阔叶树材标准特征表。基于计算机数字图像处理对木材进行识别的方法，主要是将木材原始图像在预处理后进行图像转换、增强、恢复等特征提取。根据这些特征参数，按照一定的规则进行分类决策，把识别对象归为某一类别。按照木材的识别特征可以分为语义特征和纹理特征两类。

(1)语义特征

语义特征主要包括木材的各种细胞组织，如导管(管孔)、轴向薄壁组织、早晚材、木射线和胞间道等，将包含这些特征的图像反映并纳入计算机的检索系统中，之后应用语义学原理对木材识别特征进行聚类分析，实现木材的识别。

(2)纹理特征

纹理特征是将木材图像看作一种纹理，通过对纹理特征的提取实现木材树种识别。木材纹理特征是以木材的材色、组织特征、纹理、灰度等参数为基础，检索出与纹理特征最大相似性的木材树种。常用的纹理特征提取方法有结构法、统计法和模型法等。

5.2 基于深度学习的图像识别方法

2006 年，Hinton 等开创性地提出了深度学习(deep learning，DL)的概念，引入无监督学习的方法训练深度神经网络，使其相比传统机器学习方法得到的特征更有利于数据分类、回归分析及可视化，展现出深度学习对于大规模、高维度数据的巨大应用潜力，尤其是在语音识别、自然语言处理以及图像与视频分析等诸多领域获得了巨大成功。深度学习方法中的卷积神经网络(convolutional neural network，CNN)在大规模图像识别任务中表现出色，与传统模式识别方法最大不同在于，该模型能从图像中自动逐层提取特征，蕴含了成千上万的参数，这些特征表达起到了至关重要的作用。随着 CNN 算法模型的不断调整和改进，诸如 AlexNet、visual geometry group network(VGG)、GoogleNet、MobileNet 等众多优秀算法模型纷纷涌现，很多优秀算法模型的错误率已降低至 0.05%以下。

5.2.1　基本原理

典型的卷积神经网络主要由输入层、卷积层、池化层、全连接层和输出层组成，如图 5-1 所示。原始图像从输入层进入网络，在卷积层中通过非线性的激励函数得到特征图。之后依据一定的下采样规则对特征图进行下采样，下采样层的作用是对特征图进行降维，或在一定程度上保持特征的尺度不变特性。经过多个卷积层和下采样层的交替传递，卷积神经网络依靠全连接层对提取的特征进行分类，最终输出数学模型。

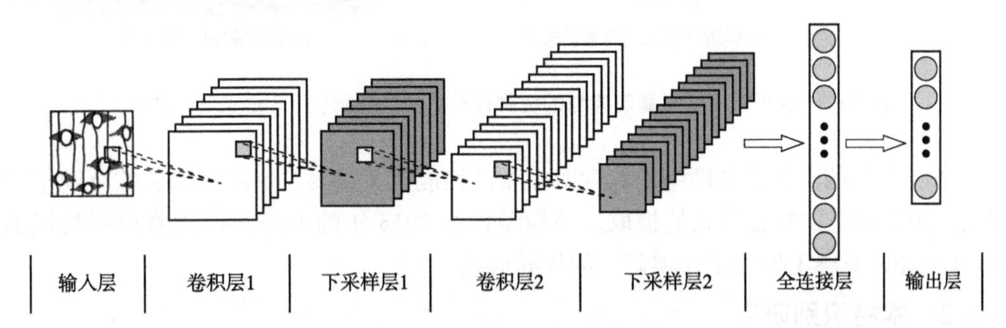

图 5-1　典型的卷积神经网络结构示意图

卷积神经网络的基本工作原理可分为网络模型定义、网络模型训练以及网络模型预测三部分。网络模型定义是指根据具体应用的数据量和数据本身的特点，设计网络深度、网络每一层的功能，设定网络中的超参数。网络模型训练是指通过残差反向传播对网络中的参数进行训练、优化，降低过拟合、梯度消逝与爆炸等问题对训练收敛性能的影响。网络模型预测是指通过对输入数据进行前向传导，在各个层次上输出特征图，并利用全连接层输出基于输入数据条件的概率分布的过程。

卷积神经网络将原始图像直接作为输入端，避免了传统识别算法中的预处理环节，降低了模型的复杂度。在原始图像上产生局部感知区域，并将这些区域作为底层的输入数据，通过逐层过滤获得图像的边缘和关键点信息，完成对未知物体的有效识别。在木材识别研究中，能实现较高的木材宏观及微观构造图像识别准确率，有助于缩短识别时间，降低人工识别对经验的要求。

5.2.2　研究与应用

5.2.2.1　植物识别研究

该研究以智能手机拍摄的 100 余种北京林业大学校园植物图像建立了图像数据库，采用基于卷积神经网络架构的深度残差网络模型(deep residual network, ResNet)构建了植物识别模型，并使用该模型对数据库中的植物进行识别训练与参数优化。随着迭代次数的增加，识别精度逐渐增高并保持稳定，最终实现了99.65%的识别效率(图5-2)。

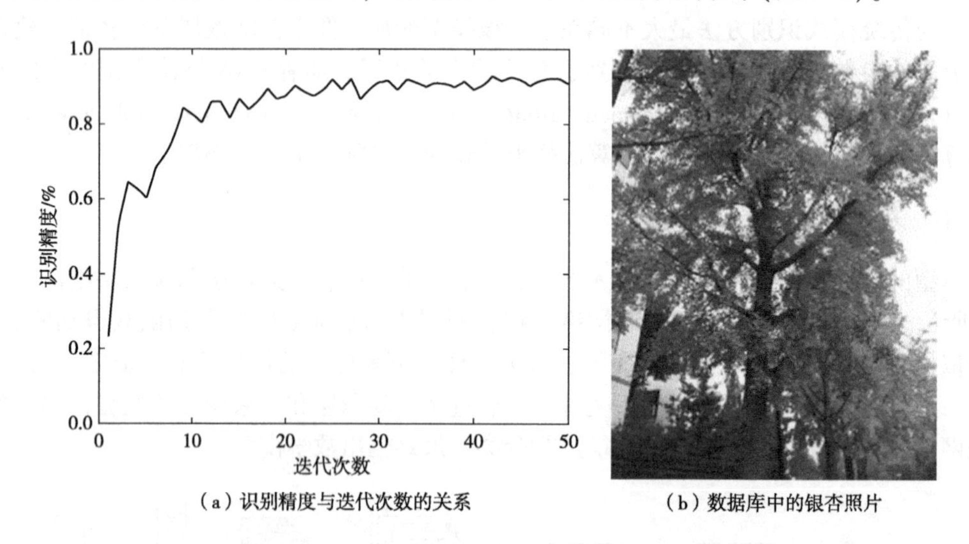

(a) 识别精度与迭代次数的关系　　(b) 数据库中的银杏照片

图5-2　基于深度学习算法模型的植物计算机视觉识别(Yu S et al., 2017)

ResNet模型的出发点是网络的深度对模型的性能至关重要，增加网络层数有助于网络模型完成更加复杂的特征模式的提取。该模型曾在2015年的ImageNet大规模视觉识别挑战赛(ILSVRC)竞赛上取得了5项第一的优异成绩。

5.2.2.2　木材识别研究

iWood木材图像智能鉴定系统(图5-3)由中国林业科学研究院木材工业研究所开发，该技术采集了40种濒危珍贵木材18 042张图像作为木材构造特征图像数据集，构建了基于卷积神经网络的AlexNet、GoogleNet、VGG、DenseNet和ResNet等深度学习模型。目前，该软件可对黄檀属、紫檀属、古夷苏木属等常见贸易及濒危珍贵木材进行准确快速识别与鉴定，树种鉴定精度可达99.3%。

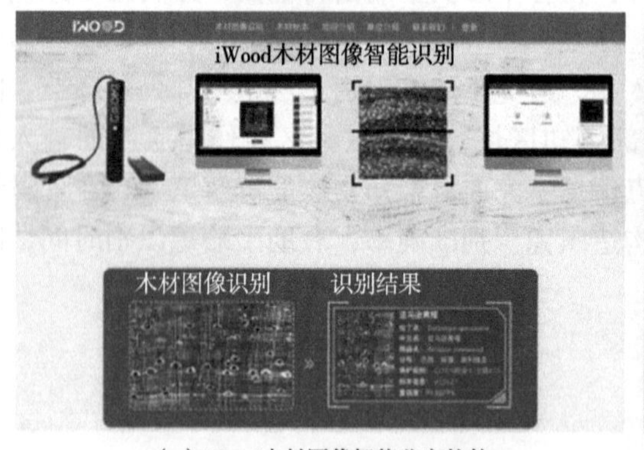

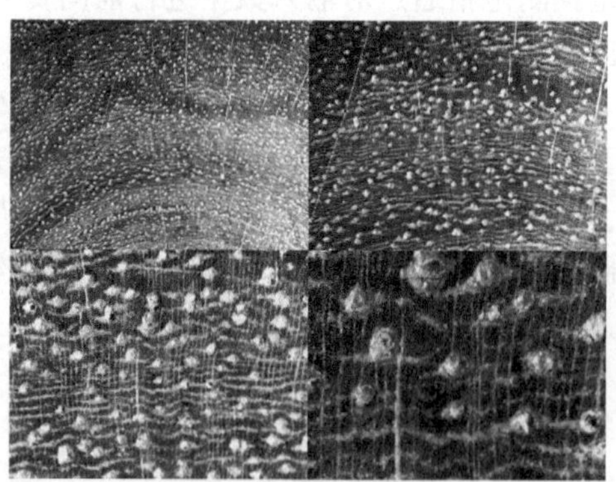

(a) iWood木材图像智能鉴定软件　　(b) 木材体视显微构造图

图5-3　基于深度学习算法模型的木材图像识别

数据库的规模对图像识别技术至关重要，不同于大众相对熟知的人脸或动植物的识别，无论是木材宏观构造图像数据，还是木材微观构造图像数据的积累都是十分烦琐的过程，需要经过特定的加工处理过程，这给数据库的积累带来了一定的难度。一旦数据积累到相当的规模，基于深度学习的图像识别技术就有明显的优势，未来将会在木材识别、细胞分类、材性预测等研究领域展现出巨大的潜力。

下篇

实践部分

实验1 针叶树材宏观构造观察与识别

一、实验目的

(1)观察针叶树材的主要宏观特征，如年轮、早材和晚材(急/缓变)、心材和边材、木射线、树脂道以及它们在三个切面上的形态；次要宏观特征，如纹理、结构、材色、轻重、软硬等。

(2)掌握针叶树材宏观构造特征识别的要点与方法。

二、实验材料与设备

1. 木材标本

(1)松科 落叶松属，落叶松[*Larix gmelini*(Rupr.)Kuzen.]；松属，红松(*Pinus koraiensis* Sieb. et Zucc.)、马尾松(*Pinus massoniana* Lamb.)、油松(*Pinus tabulaeformis* Carr.)、南方松(*Pinus* sp.)、欧洲赤松(*Pinus sylvestris* L.)；黄杉属，黄杉(*Pseudotsuga sinensis* Dode)；云杉属，云杉(*Picea asperata* Mast.)。

(2)柏科 圆柏属，圆柏[*Sabina chinensis*(L.)Ant.]；侧柏属，侧柏[*Platycladus orientalis*(L.)Franco]；杉木属，杉木[*Cunninghamia lanceolata*(lamb.)Hook.]。

(3)红豆杉科 红豆杉属，红豆杉[*Taxus wallichiana* var. *chinensis*(Pilger)Florin]。

2. 实验设备

放大镜、体视显微镜、小刀。

三、实验内容

1. 主要宏观特征观察

(1)年轮。

(2)早材和晚材及其变化。

(3)边材、心材和熟材及相应树种的判别。

(4)木射线 针叶树材基本上是细木射线，在三个切面不明显或略明显。横切面上，木射线放大镜下可见或略明显；径切面上，观察射线斑纹的明显度；弦切面上，观察纺锤形木射线与径向树脂道。

(5)树脂道 轴向树脂道在横切面上一般星散分布在年轮中，多见于晚材，为浅色小点。大的如针孔，间或也有断续切线分布的。横向树脂道存在于纺锤形木射线中，肉眼一般观察不到。

2. 次要宏观特征观察

材色与光泽，纹理，结构，气味与滋味，重量与硬度。

四、实验方法

一手持木材标本，将要观察的切面正对光源，一手持放大镜，并靠近眼睛，逐步调整标本与放大镜的视距直至能够完全看清为止；亦可借助体视显微镜进行观察。

五、实验要求

（1）课前复习木材学相关理论知识，预习实验报告相关内容。

（2）将所观察木材的宏观构造特征填入表1，观察并描述的木材标本数量应不少于5个树种。

六、思考题

（1）如何通过宏观构造特征区分马尾松、赤松和樟子松？

（2）请通过给定的文字描述，绘制该树种的宏观特征图。

实验2　阔叶树材宏观构造观察与识别

一、实验目的

（1）观察阔叶树材的主要宏观特征，如年轮、心材和/边材、早材和晚材、导管（管孔）、轴向薄壁组织、木射线以及它们在三个切面上的形态；次要宏观特征，如材色、纹理、结构、光泽、气味、重量及硬度等。

（2）掌握阔叶树材宏观构造特征识别的要点与方法。

二、实验材料与设备

1. 木材标本

（1）豆科　刺槐属，刺槐（*Robinia pseudoacacia* L.）；紫檀属，檀香紫檀（*Pterocarpus santalinus* L. f.）、大果紫檀（*Pterocarpus macrocarpus* Kurz）、刺猬紫檀（*Pterocarpus erinaceus* Poir.）；黄檀属，卢氏黑黄檀（*Dalbergia louvelii* R. Vig.）、阔叶黄檀（*Dalbergia latifolia* Roxb.）、奥氏黄檀（*Dalbergia oliveri* Prain）。

（2）杨柳科　杨属，杨木（*Populus* sp.）。

（3）桦木科　桦木属，红桦（*Betula albosinensis* Burkill）、白桦（*Betula platyphylla* Suk.）。

（4）壳斗科　栎属，栓皮栎（*Quercus variabilis* Blume）、蒙古栎（*Quercus mongolica* Fisch.）。

（5）胡桃科　胡桃属，胡桃楸（*Juglans mandshurica* Maxim.）。

（6）椴木科　椴属，少脉椴（*Tilia paucicostata* Maxim.）、紫椴（*Tilia amurensis* Rupr.）。

（7）芸香科　黄檗属，黄檗（*Phellodendron amurense* Rupr.）。

（8）榆科　榆属，榆树（*Ulmus pumila* L.）、小果榆（*Ulmus microcarpa* L. K. Fu）。

（9）桃金娘科　桉属，野桉（*Eucalyptus rudis* Endl.）。

（10）玄参科　泡桐属，毛泡桐[*Paulownia tomentosa*（Thunb.）Setud.]、南方泡桐（*Paulownia taiwaniana* T. W. Hu & H. J. Chang）。

（11）木樨科　梣属，水曲柳（*Fraxinus mandshurica* Rupr.）、白蜡树（*Fraxinus chinensis* Roxb.）。

表 1　针叶树材宏观构造特征观察与识别

树种名称	生长轮		早材/晚材		树脂道		木射线			材色		辅助特征			
	明显	不明显	渐变	急变	有	无	明显度			心材	边材	纹理	结构	重量	气味
							横切面	径切面	弦切面						

2. 实验设备

放大镜、体视显微镜、小刀。

三、实验内容

1. 主要宏观特征观察

(1)年轮　管孔分布与年轮明显度。

(2)心材和边材，早材和晚材及其变化。

(3)导管(管孔)　横切面上观察管孔分布、组合、排列，纵切面上观察导管槽的大小和数量。

(4)轴向薄壁组织　傍管型、离管型，如水曲柳主要为傍管型环管状，核桃主要为离管型切线状，杨木的轴向薄壁组织少，主要为离管型轮界状，但宏观下不易识别。

(5)木射线　木射线在三个切面的形态及粗细，栓皮栎木射线有宽有窄，杨木木射线细。紫檀属、黄檀属木材的木射线叠生，弦切面上可以观察到波痕。

2. 次要宏观特征观察

材色与光泽，纹理，结构，气味与滋味，重量与硬度。

四、实验方法

本实验方法同实验 1。

五、实验要求

(1)课前复习木材学相关理论知识，预习实验报告相关内容。

(2)将所观察木材的宏观构造特征填入表 2，观察并描述的木材标本数量不少于 5 个树种。

六、思考题

(1)市面上的红橡、白橡分别是什么树种？如何通过宏观构造特征进行区别？

(2)请通过给定的文字描述，绘制该树种的宏观特征图。

实验 3　木材切片的制作与观察(一)

一、实验目的

了解木材软化的主要方法，掌握平推切片机的操作方法。

二、实验材料与设备

1. 实验材料

(1)木材样品　针叶树材与阔叶树材各 1~2 种。

(2)化学试剂　无水乙醇、丙三醇(甘油)、过氧化氢(双氧水)、乙酸(冰醋酸)。

表 2　阔叶树材宏观构造特征观察与识别

树种名称	年轮		管孔分布类型			管孔排列	木射线（明显度）				轴向薄壁组织			材色		辅助特征			
	明显	不明显	环孔材	半环孔材	散孔材		横切面	径切面	弦切面	波痕	不明显	离管型	傍管型	心材	边材	纹理	结构	重量	气味

2. 实验设备

光学显微镜、平推切片机、单面刀片、水浴锅、培养皿、镊子、毛笔、载玻片及盖玻片等。

三、实验内容

至少完成针叶树材、阔叶树材各 1 个树种的三切面切片制作，并在显微镜下进行初步观察，检验切片质量。

四、实验方法

1. 取样

样品采集通常在树高 1.3 m(胸径)处或树干中部，髓心和树皮的中间部位进行取样，避免同时包含心材和边材。样品一般是长方体，尺寸视树种与切片机型号而定，一般约为 1 cm^3，但至少包括 1 个以上生长轮。样品切面为标准三切面，每个面平整、无缺陷，如不符合要求可用单面刀片进行修整。

2. 软化

(1)树种标记　用单面刀片在样品边棱上刻痕进行树种标记，或用铅笔在非制片面进行树种标记。

(2)排气　样品软化前必须排气，以免阻碍软化剂渗入，通常使用水煮法。水煮法是将样品放入烧杯中加蒸馏水煮沸，直至木材样品沉入水底为止，煮沸加冷却交替进行效果更好。

(3)软化　常用的软化处理方法有水煮法、丙三醇-乙醇软化法、过氧化氢-乙酸软化法等。

①水煮法：此法最简单，对样品影响也小，经常被采用。密度较小、材质较软的木材样品排气后，放入蒸馏水中煮沸(时间随树种而异一般为 1~7 d)，直至用单面刀片较轻易切下薄片即可。密度较高、硬度较大的木材样品用水煮法需较长时间。

②丙三醇-乙醇软化法：排气后的木材样品，经冷却后放入丙三醇-乙醇软化剂中(95%乙醇与丙三醇按 1∶1 比例混合)浸泡，直到样品软化至适于切片的程度。样品软化时间随树种而异，通常需 1 个月以上。

③过氧化氢-乙酸软化法：用过氧化氢和乙酸按 1∶1 混合制成软化剂，在水浴锅中加热至样品材色变白或边棱开始离析即可。此法所需软化时间较短，但软化不均匀，要随时观察，以防软化时间太长导致木材离析。

3. 切片

(1)将切片刀放入切片机刀架中，调整好刀刃与载物台的角度后(具体角度与切片机型号有关)，进行固定。

(2)将样品放入载物台样品夹中固定，调节载物台高度，使刀刃靠近样品待切面；调节样品夹使样品待切面与刀刃平行，完成后拧紧样品夹旋钮，将样品固定。

(3)按需要设定切片厚度，调整载物台高度，使样品接近刀刃但不要紧挨着刀刃，然后拉动切片刀刀架进行切片。同时左手持蘸水的毛笔配合将切出的切片从刀面上移入事先准备好的装有清水的培养皿中。切片时切片速度要保持匀速，切完一片将切片刀刀架退回原位，载物台自动进刀，切片过程中要用毛笔蘸水润湿样品表面。重复上述切片操作，即可获得设定厚度的多张切片。

五、注意事项

(1)切片机属于精密设备，须在教师指导下完成操作。一次性切片刀在换刀片时需防止刀片划伤，废弃刀片需立即放置于专门存放处。

(2)水浴锅为高温设备，注意防范干烧、溢水漏电等风险，使用时需全程值守。

(3)化学药品参照《化学品安全说明书》(MSDS)进行存放和使用，并配置相应的防护用品。

实验 4　木材切片的制作与观察(二)

一、实验目的

熟悉木材显微切片的制作流程。

二、实验材料与设备

1. 实验材料

(1)木材样品　针叶树材与阔叶树材切片各 1~2 种。

(2)化学试剂　二甲苯、番红染色剂、丁香油、中性树胶。

2. 实验设备

光学显微镜、单面刀片、烧杯、培养皿、镊子、毛笔、载玻片及盖玻片等。

三、实验内容

至少完成针叶树材、阔叶树材各 1 个树种的三切面永久切片的制作，并拍摄显微照片。

四、实验方法

1. 染色

木材切片染色与否，根据需求来决定；染色更利于解剖观察及研究。常用的木材切片染色剂是番红，染色后的木材切片呈红色。配制番红染色剂是将 1 g 番红加入 100 mL 50% 的乙醇溶液中使番红充分溶解即可。染色过程是将培养皿中的木材切片用蒸馏水漂洗数次除去杂质，再加入少量蒸馏水淹没木材切片，滴入几滴番红染色剂，转动培养皿使染液均匀，放置 12~48 h 即可。

2. 脱水

将染色后的木材切片用蒸馏水漂洗干净，再用不同浓度的乙醇逐级脱水，具体操作如下：漂洗后的木材切片→50%乙醇(5 min)→70%乙醇(5 min)→85%乙醇(5 min)→95%乙醇(5 min)→无水乙醇(10 min)→无水乙醇(保存至下道程序)。

3. 透明

为使切片的透光性加强，需要对切片材料进行透明处理。常用的透明剂有丁香油和二甲苯，透明流程为：脱水后的切片→丁香油(10 min)→二甲苯(5 min)→二甲苯(保存至下道程序)。

4. 封片

(1)制作临时切片　将干净的载玻片放置在操作台上，在载玻片上指定位置滴 1 滴丙三醇，用镊子将切片从二甲苯中取出放到同位置上，通常三切面呈品字形放置(横切面在上方，径切面在左下方，弦切面在右下方)。用镊子夹持盖玻片把切片盖好，操作时先用镊子将盖玻片的一边与载玻片接触，然后慢慢地将盖玻片落下直至把切片完全盖住。若盖玻片盖住的区域有气泡，则用镊子施加压力，将气泡赶出。完成上述操作后，在载玻片一端贴上相应的树种标签。临时切片也可用未脱水的切片进行制作。

(2)制作永久切片　将干净的载玻片放置在操作台上，在载玻片上预定好放置切片的位置上滴 1 滴中性树胶，用镊子将切片从二甲苯中取出放到同位置上，通常三切面呈品字形放置(横切面在上方，径切面在左下方，弦切面在右下方)。用镊子夹持盖玻片把切片盖好，操作时先用镊子将盖玻片的一边与载玻片接触，然后慢慢地将盖玻片落下把切片完全盖住，尽量不要形成气泡。若盖玻片盖住的区域有气泡，则用镊子施加压力，将气泡赶出，尽可能不要让树胶溢出盖玻片范围。完成上述操作后，在载玻片一端贴上相应的树种标签即可。

五、思考题

结合实验 3 内容，列出制作切片的具体步骤，并简要介绍在整个制片过程中的操作难点及理由。

实验 5　针叶树材解剖分子的离析与观察

一、实验目的

了解木材细胞分离的操作方法，熟悉针叶树材主要细胞的形态特征，掌握用光学显微镜测量细胞尺寸参数的方法。

二、实验材料与设备

1. 实验材料

(1)木材样品　针叶树材 2~3 种。

(2)化学试剂　硝酸、氯酸钾、过氧化氢(双氧水)、冰醋酸(乙酸)、丙三醇(甘油)。

2. 实验设备

光学显微镜、显微镜接目测微尺及接物测微尺、水浴锅、试管、解剖针、培养皿、毛笔、载玻片、盖玻片等。

三、实验内容

1. 显微镜下测微尺的应用

显微镜下测量细胞所用的长度单位为微米(μm)，1 μm=10^{-6} m。

(1)将接物测微尺放于显微镜的载物台上。

(2)将接目测微尺放入显微镜目镜中。

(3)移动接物测微尺，使其零度与接目测微尺重合。

(4)测量接物测微尺上一定长度，同时记下接目测微尺上与其重合的格数。如接目测微尺上是50格而接物测微尺上为66格，则接目测微尺上每格的长度应为：

$$\frac{66\times10}{50}=13.2\ \mu m$$

[注]接物测微尺通常每格为10 μm。

(5)将目镜与物镜放大倍数记下，在两镜配合下接目测微尺每格长度为13.2 μm。

(6)目镜与物镜不变，载物台上放上待观察切片，若该切片上一个细胞的长度是接目测微尺的10格，则该细胞的长度为：10×13.2=132 μm。

(7)当转换目镜或物镜时，需重复上述步骤，重新确定接目测微尺每格的长度。

2. 木材分离分子的观察和测定

(1)观察针叶树材的早材管胞、晚材管胞、射线管胞、射线薄壁细胞、泌脂细胞等细胞的形态及其细胞壁上的特征(纹孔、螺纹加厚、锯齿状加厚等)。

(2)测定5根针叶树材早晚材管胞的长度、宽度及胞壁厚度，填入表3。

四、实验方法

1. 准备

将要离析的木材劈成火柴棒大小，放入试管中，并在试管外做好试材树种标记。

2. 排气

在试管中加蒸馏水，使水淹过木材，将试管放入水浴锅内加热(温度90~100℃)，直至木材下沉，排气结束。

3. 软化

将试管中的水全部倒出，加入离析液(过氧化氢和乙酸按1∶1比例配制，或30%硝酸中加入少许氯酸钾)，离析液用量是木材样品量的2倍以上。再将试管放入水浴锅中加热(温度70℃左右)，待木材样品变成黄白色或白色时，用玻璃棒试触是否软化(触及即分离)。若已软化，待试管冷却后，倒去离析液。

4. 清洗

用水冲洗试管中木材样品数次，洗去多余的离析液，至无酸性为止。

表 3 木材细胞形态参数记录表

树种名称：

细胞种类	细胞形态参数								
	长度			宽度			壁厚		
	μm/格	格数	μm	μm/格	格数	μm	μm/格	格数	μm

5. 分离

在试管中倒入少量蒸馏水，以淹过木材样品为度。用大拇指按着试管口，用力振荡试管，木材即变为木浆，将木浆倒入培养皿中，在培养皿外侧做好与试管一致的树种标记。

6. 离析切片的制作

用解剖针或毛笔从培养皿中挑一些木浆放于载玻片上，加一滴水，盖上盖玻片，即完成临时离析切片的制作，但此类切片使用时间较短。在载玻片上滴一滴丙三醇，用解剖针挑一些木浆中解离的木材，放于丙三醇液滴上。用解剖针抖动丙三醇中无木材的部分，使木材细胞分开，再在其上加盖盖玻片，即完成可使用较长时间的离析切片的制作。

五、思考题

(1)如何区分早材管胞与晚材管胞？

(2)如何区分射线管胞与射线薄壁细胞？

实验 6　阔叶树材解剖分子的离析与观察

一、实验目的

了解木材细胞分离的操作方法，熟悉阔叶树材主要细胞的形态特征，掌握用光学显微镜测量细胞尺寸参数的方法。

二、实验材料与设备

1. 实验材料

(1)木材样品　阔叶树材 2~3 种。

(2)化学试剂　硝酸、氯酸钾、过氧化氢(双氧水)、冰醋酸(乙酸)、丙三醇(甘油)。

2. 实验设备

光学显微镜、显微镜接目测微尺及接物测微尺、水浴锅、试管、解剖针、培养皿、毛笔、载玻片、盖玻片等。

三、实验内容

(1)观察阔叶树材早材导管分子、晚材导管分子、纤维状管胞、韧型纤维、分隔木纤维、轴向薄壁细胞、射线薄壁细胞的形态及其细胞壁上的特征(纹孔、螺纹加厚等)。

(2)测定 5 根阔叶树材木纤维的长度、宽度及胞壁厚度，数据记录方式参考表 3。

四、实验方法

本实验方法同实验 5。

五、思考题

(1)如何区分韧型纤维与纤维状管胞？

(2)如何区分阔叶树材的管胞与木纤维？

(3)如何区分轴向薄壁细胞与射线薄壁细胞？

实验 7　针叶树材微观构造观察与识别

一、实验目的

(1)认识针叶树材的不同解剖分子，如轴向管胞、木射线、树脂道、轴向薄壁组织以及它们在三个不同切面上的形态、分布及相互关系。

(2)掌握不同解剖分子的特征，如管胞壁上的纹孔、螺纹加厚，交叉场的纹孔类型，木射线中的射线管胞与射线薄壁细胞。

(3)掌握针叶树材微观构造特征的识别要点与方法。

二、实验材料与设备

1. 木材切片

(1)松科　松属，红松(*Pinus koraiensis* Sieb. et Zucc.)、马尾松(*Pinus massoniana* Lamb.)、油松(*Pinus tabulieformis* Carr.)、南方松(*Pinus* sp.)、欧洲赤松(*Pinus sylvestris* L.)；落叶松属，落叶松[*Larix gmelini*(Rupr.)Kuzen.]；黄杉属，黄杉(*Pseudotsuga sinensis* Dode)；云杉属，云杉(*Picea asperata* Mast.)。

(2)柏科　圆柏属，圆柏[*Sabina chinensis*(L.)Ant.]；侧柏属，侧柏[*Platycladus orientalis*(L.)Franco]；杉木属，杉木[*Cunninghamia lanceolata*(lamb.)Hook.]。

(3)红豆杉科　红豆杉属，红豆杉[*Taxus wallichiana* var. *chinensis*(Pilger)Florin]。

2. 实验仪器与设备

光学显微镜。

三、实验内容

观察针叶树材三个切面上的微观构造特征，如图 1 所示。

横切面：早材、晚材管胞形态，轴向树脂道，轴向薄壁组织及其类型，木射线。

径切面：早材、晚材管胞形态，管胞壁上的纹孔，有无眉条及螺纹加厚；轴向薄壁细胞，木射线(射线管胞和射线薄壁细胞)，交叉场纹孔类型，轴向树脂道。

弦切面：早材、晚材管胞形态，管胞壁上纹孔、有无螺纹加厚，轴向薄壁细胞，木射线(单列、纺锤型木射线)，轴向、横向树脂道。

四、实验方法

(1)接通电源，先将低倍物镜(4 倍或 10 倍)旋转与镜筒成一直线，打开显微镜光源，用左/右眼由目镜向下观察，将光圈调至适宜。调整两只目镜瞳距及另一只目镜焦距，直至两眼同时看清。

(2)光对好后，将切片放在载物台上，用压片夹轻轻压住切片，将欲观察的部位对准载物台上圆孔的正中央。采用先低倍后高倍的方式，转动粗调焦旋钮，将接物镜降至与载

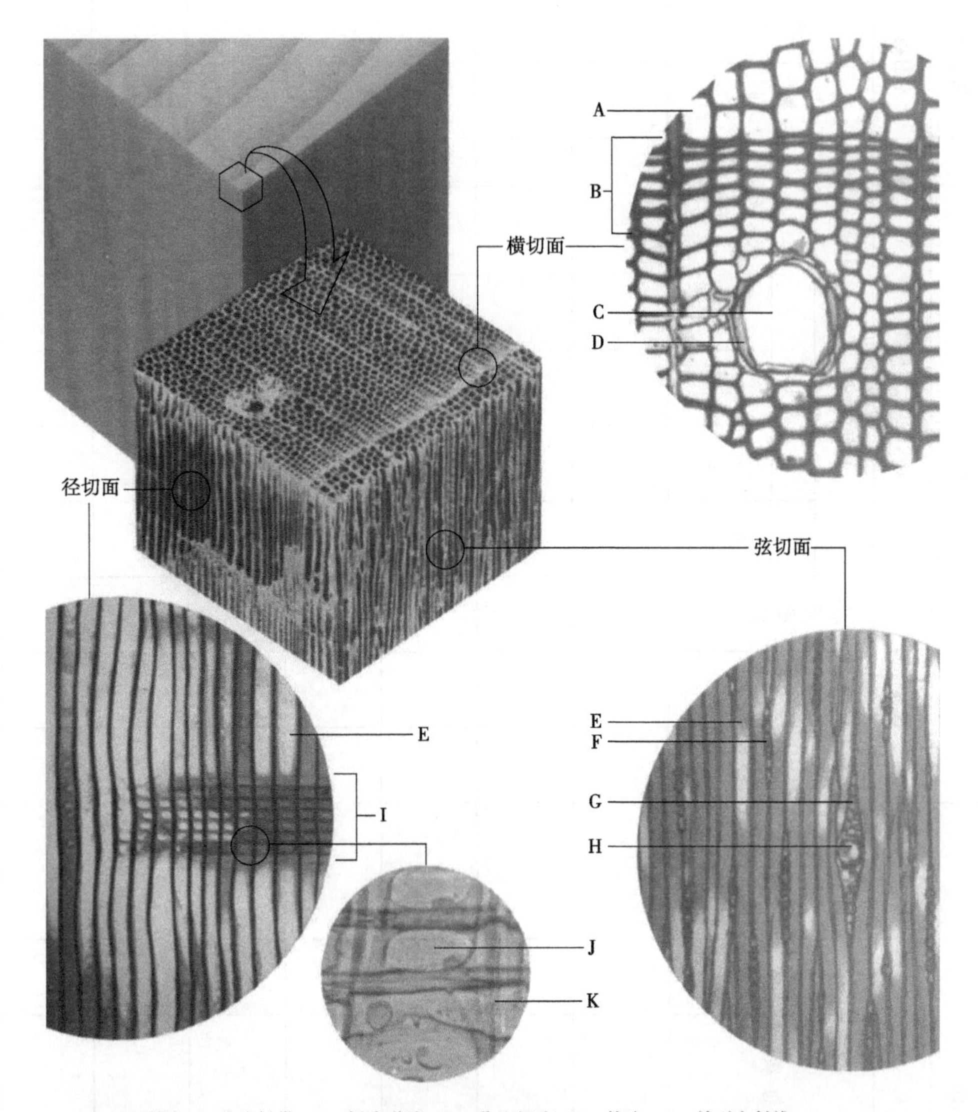

A—早材管胞；B—晚材带；C—树脂道腔；D—分泌细胞；E—管胞；F—单列木射线；G—纺锤形木射线；H—树脂道腔；I—射线组织；J—窗格型交叉场纹孔；K—射线管胞。

图 1　针叶树材三切面微观构造示意图(R. Bruce Hoadley，1990)

物台上切片距离 2~3 mm。然后缓慢转动微调焦旋钮，同时用眼对准接目镜注视镜内，将镜筒徐徐上升(切勿使镜筒向下)一直到对准焦点(即在接目镜内能够清楚看到观察材料)。若不够清楚，再调节微调焦旋钮直至清楚为止。

五、实验要求

(1)上课前复习木材学相关理论知识，预习实验报告相关内容。

(2)描述的木材标本数量应不少于 5 个树种。

(3)将观察到的木材三切面微观构造特征填入表 4。

表 4 针叶树材微观构造特征观察与识别

树种名称	横切面							径切面								弦切面	
	管胞特征					有无树脂道	轴向薄壁组织分布类型	管胞特征			木射线					木射线	
	形状		胞壁厚薄		急/缓变			纹孔类型		有无螺纹加厚	射线管胞				射线薄壁细胞	单列	纺锤形
											无	内壁			交叉场纹孔类型		
	早材	晚材	早材	晚材				具缘纹孔	单纹孔			平滑	锯齿	螺纹			

实验8 阔叶树材微观构造观察与识别

一、实验目的

(1)认识阔叶树材的不同解剖分子，如导管、木纤维、木射线、轴向薄壁组织以及它们在三个不同切面上的形态、分布及相互关系。

(2)掌握阔叶树材微观构造特征的识别要点与方法，并比较阔叶树材与针叶树材微观构造特征的异同。

二、实验材料与设备

1. 木材切片

(1)豆科　刺槐属，刺槐(*Robinia pseudoacacia* L.)；紫檀属，檀香紫檀(*Pterocarpus santalinus* L. f.)、大果紫檀(*Pterocarpus macrocarpus* Kurz)、刺猬紫檀(*Pterocarpus erinaceus* Poir.)；黄檀属，卢氏黑黄檀(*Dalbergia louvelii* R. Vig.)、阔叶黄檀(*Dalbergia latifolia* Roxb.)、奥氏黄檀(*Dalbergia oliveri* Prain)。

(2)杨柳科　杨属，杨木(*Populus* sp.)。

(3)桦木科　桦木属，红桦(*Betula albosinensis* Burkill)、白桦(*Betula platyphylla* Suk.)。

(4)壳斗科　栎属，栓皮栎(*Quercus variabilis* Blume)、蒙古栎(*Quercus mongolica* Fisch.)。

(5)胡桃科　胡桃属，胡桃楸(*Juglans mandshurica* Maxim.)。

(6)椴木科　椴属，少脉椴(*Tilia paucicostata* Maxim.)、紫椴(*Tilia amurensis* Rupr.)。

(7)芸香科　黄檗属，黄檗(*Phellodendron amurense* Rupr.)。

(8)榆科　榆属，榆树(*Ulmus pumila* L.)、小果榆(*Ulmus microcarpa* L. K. Fu)。

(9)桃金娘科　桉属，野桉(*Eucalyptus rudis* Endl.)。

(10)玄参科　泡桐属，毛泡桐[*Paulownia tomentosa*(Thunb.)Setud.]、南方泡桐(*Paulownia taiwaniana* T. W. Hu & H. J. Chang)。

(11)木樨科　梣属，水曲柳(*Fraxinus mandshurica* Rupr.)、白蜡树(*Fraxinus chinensis* Roxb.)。

2. 实验设备

光学显微镜。

三、实验内容

观察阔叶树材三个切面上的微观构造特征，如图2所示。

横切面：管孔的分布、组合及排列，管孔的大小；内含物的类型；木纤维的形状和类型；轴向薄壁细胞的形状和排列；木射线的宽度、高度等。

径切面：导管的形态，导管壁上的纹孔类型，穿孔类型；木纤维的形态、类型；轴向薄壁细胞的形态；射线组织的类型(同形、异形木射线)等。

弦切面：导管的形态，导管壁上的纹孔类型；木纤维的形态、类型；轴向薄壁细胞的形态；木射线细胞的宽度与高度，是否叠生等。

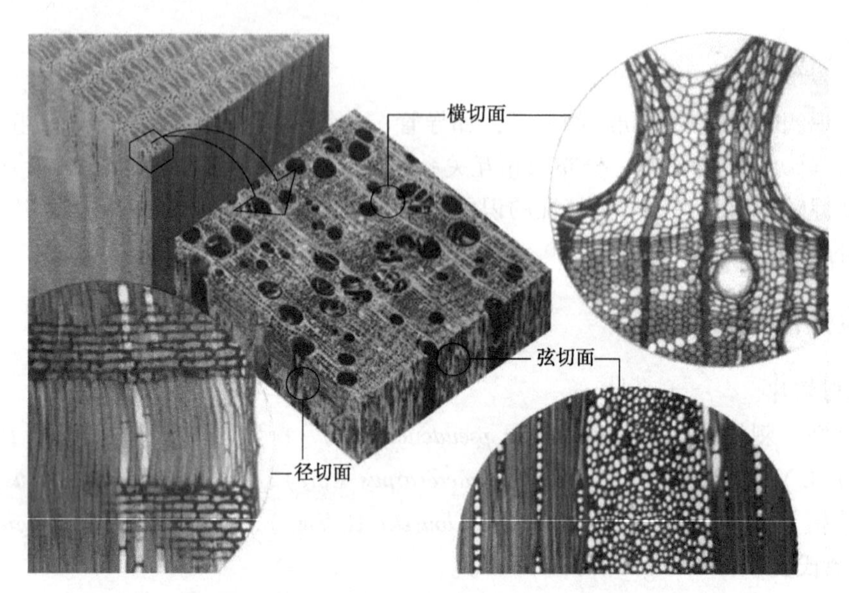

图 2　阔叶树材三切面微观构造示意图(R. Bruce Hoadley，1990)

四、实验方法

本实验方法同实验 7。

五、实验要求

(1)课前复习木材学相关理论知识，预习实验报告相关内容。
(2)描述的木材标本数量应不少于 5 个树种。
(3)将观察到的木材三切面微观构造特征填入表 5。

实验 9　木材识别与鉴定综合训练

一、实验目的

熟悉木材树种鉴定的基本流程，掌握木材切片机的基本操作流程。

二、实验材料与设备

1. 实验材料

(1)送检材(未知树种)。
(2)实验耗材　单面刀片、烧杯、培养皿、镊子、毛笔、载玻片、盖玻片、二甲苯、番红染液、丁香油、中性树胶等。

表 5　阔叶树材微观构造特征观察与识别

树种名称	横切面								径切面				弦切面						
	管孔				木纤维		轴向薄壁组织		木射线组成		导管壁		木射线					导管壁	木纤维
													是否叠生	类型		组成		管间纹孔式	类型
	分布类型	组合类型	排列类型	内含物	细胞形状	细胞壁厚度	傍管型	离管型	直立细胞	横卧细胞	穿孔类型	有无螺纹加厚		单列	多列	同形	异形 Ⅰ/Ⅱ/Ⅲ		

2. 实验设备

平推切片机、光学显微镜、放大镜、小刀、水浴锅。

三、实验内容

(1)来样信息问询。
(2)软化、切片、制片。
(3)观察宏观及微观构造。
(4)记录鉴定结果。
(5)出具鉴定报告。

四、实验要求

(1)完成木材识别与鉴定的所有环节，并出具木材树种鉴定报告，实验记录参考表6。
(2)回顾本次实操训练，找出不足之处，提出改进方法。

表6　木材构造特征信息记录表

<table>
<tr><td>名称</td><td></td><td>编号</td><td></td></tr>
<tr><td colspan="2">项目</td><td colspan="2">结论</td></tr>
<tr><td>宏观构造特征</td><td>生长轮(年轮)、心/边材、材色、气味、纹理、结构、波痕、密度等</td><td colspan="2"></td></tr>
<tr><td>导管与管孔</td><td>管孔分布、管孔排列、管孔组合，穿孔板类型、管间纹孔式、射-管间纹孔式、导管内含物等</td><td colspan="2"></td></tr>
<tr><td>轴向薄壁组织</td><td>傍管型、离管型、内含物、是否具有油细胞、是否叠生等</td><td colspan="2"></td></tr>
<tr><td>木纤维</td><td>木纤维类型、细胞形状、厚薄、胞壁纹孔类型等</td><td colspan="2"></td></tr>
<tr><td>木射线</td><td>射线组织类型、组成，射线高度和宽度，内含物、特殊细胞种类等</td><td colspan="2"></td></tr>
<tr><td>其他</td><td>胞间道、内含韧皮部、螺纹加厚等</td><td colspan="2"></td></tr>
<tr><td colspan="4">鉴定结果</td></tr>
<tr><td>中文名</td><td></td><td rowspan="2">科、属名</td><td rowspan="2"></td></tr>
<tr><td>学名</td><td></td></tr>
</table>

实验 10　利用扫描电镜观察木材三切面

一、实验目的

了解扫描电镜的基本构成和成像原理，掌握扫描电镜的基本操作方法。

二、实验材料与设备

1. 实验材料

针叶树材、阔叶树材标本各 1 种、导电胶、吸耳球、砂纸(320~1000 目)。

2. 实验设备

场发射扫描电子显微镜、小刀、线锯等。

三、实验内容

观察不同表面粗糙度的木材样品三切面，并进行图像采集。

四、实验方法

1. 制样与前处理

扫描电镜样品制备相对简单，原则上只要能放入样品室的样品，都可进行观察，但木材制样好坏直接影响扫描电镜的观察效果。为更好地利用电镜观察木材显微构造，需要制备出适合观察的样品。由于扫描电镜的测试环境要求样品需保持物理、化学上的稳定性，且在电子束轰击下不挥发或不变形。因此，制备好的样品需要烘至绝干，之后对样品进行喷金处理，使其导电。使用碳导电胶将样品固定到样品台上，用吸耳球或高压氮气吹扫掉导电胶上的碎屑。

2. 开机准备

开启冷却循环水电源，循环水温度应保持在 15~20℃，水位应浸没金属线圈。按下位于桌子右上角的显示单元“DISPLAY”开关。当电脑启动后，根据界面提示进入操作程序。

3. 样品装入

将制备好的样品放入样品室进行观察，样品室和外界环境通过样品交换腔连接。放样过程是先破坏样品交换腔真空状态，拉开样品交换腔，放入样品；再对样品交换室抽真空，完成样品装入。

4. 样品观察

根据样品的特点和观察信息的不同，选择不同的加速电压、发射电流、工作距离和接收探头，合适的工作条件能确保观察更清晰。在观察过程中，需要对光路进行合轴、聚焦和像散调整等操作。

5. 出样操作

(1)当所有样品测试完成后，将所有调节过的机械参数回位(特别注意 Z 轴高度的回位)，并将放大倍数调至最低倍。

(2)点击关闭高压按钮，单击操作界面右上角“HOME”键，等待样品台恢复至初始位置。

(3)按照样品的装入程序，逆序操作取出样品台，将交换室抽至真空状态，完成实验操作。

五、注意事项

扫描电子显微镜为大型精密仪器，所有操作需在教师指导下完成。

六、思考题

针对硬度较低、材质较软的木材样品，如何制备适合扫描电镜观察的木材样品？

实验 11 木材超微构造的观察与测定

一、实验目的

熟悉针叶树材、阔叶树材超微构造的形态与特征，掌握扫描电镜用木材样品的制备方法。

二、实验材料与设备

1. 实验材料

木材样品(标本)、无水乙醇、丙三醇(甘油)、导电胶、吸耳球、单面刀片。

2. 实验设备

场发射扫描电子显微镜、平推切片机。

三、实验内容

1. 针叶树材主要超微构造的观察

(1)细胞壁构造 细胞壁各层厚度、微纤丝取向、瘤层等。

(2)细胞壁上特征 纹孔类型、纹孔塞和塞缘形态、螺纹加厚形状特征。

(3)交叉场纹孔类型。

(4)射线管胞锯齿状加厚及高度。

2. 阔叶树材主要超微构造的观察

(1)细胞壁构造 细胞壁各层厚度、微纤丝取向等。

(2)导管 纹孔类型、纹孔膜形态、纹孔分布方式、穿孔类型、螺纹加厚形状特征等。

(3)木射线 类型、细胞组成和形态。

(4)木纤维 细胞种类、胞壁纹孔类型。

四、实验方法

(1)预处理 选取无缺陷木材锯切成约 1 cm(弦向)×1 cm(径向)×1 cm(轴向)的标准

正方体木块，根据材质的软硬进行软化处理。

(2)表面处理　由于木材纵切面顺纹理方向，平滑的切面较易获得，可徒手使用单面刀片在低倍体视显微镜下切制平整的弦、径切面；平滑的横切面一般采用切片机制得。

(3)干燥　最好采取冷冻、溶剂或临界点干燥的方式，以更好保持木材原有构造特征。

(4)粘样　通过碳导电胶将样品固定到样品台上，并用吸耳球或高压氮气吹扫掉样品表面的碎屑。

(5)喷金处理　增加木材样品导电性。

(6)样品观察　根据样品的特点和观察信息的不同，调整加速电压、发射电流、工作距离和接收探头，进行观察与测定。

五、思考题

(1)针叶树材和阔叶树材纹孔结构上各有什么特点?

(2)木材纳米级的空隙有哪些?

实验 12　木材 DNA 的提取

一、实验目的

了解木材 DNA 提取的基本原理，掌握木材 DNA 提取的一般方法和步骤。

二、实验材料与设备

1. 实验材料

(1)木材样品　杨木 *Populus* sp.(杨柳科杨属)。

(2)化学试剂　十六烷基三甲基溴化铵(CTAB)、乙二胺四乙酸(EDTA)、三羟甲基氨基甲烷(Tris)、盐酸、氯化钠、聚乙烯吡咯烷酮(PVP)、二硫苏糖醇(DTT)、乙酸钠、氯仿、异戊醇、异丙醇、无水乙醇等。

2. 实验设备

低温冷冻研磨仪、天平、恒温水浴锅、微量移液器、台式高速离心机、低温冰箱、紫外分光光度计等。

三、实验原理

1. 木材 DNA 的提取

DNA 提取一般包括细胞破碎、释放核酸、DNA 的分离和纯化、DNA 沉淀与洗涤及 DNA 溶解等基本步骤。其中，盐溶法是提取 DNA 的常规方法之一。通常首先采用研磨破坏细胞壁和细胞膜，使核蛋白被释放出来。利用 DNA 不溶于 0.14 mol/L 的 NaCl 溶液而 RNA 能溶于 0.14 mol/L 的 NaCl 溶液这一性质，可将 DNA 核蛋白和 RNA 核蛋白分开，之后进一步将蛋白、多酚等杂质除去。由于植物活细胞的 DNA 保存状态完好，采用常规的植物 DNA 提取技术即可获得较高产量和纯度的 DNA。木材细胞普遍为死亡细胞，DNA 发生了明显降解，且木材组织中的次生代谢产物以及加工处理的破坏，对木材 DNA 产率和质量产生了很大影响。木材 DNA 提取方法需要在植物 DNA 提取技术基础上进行优化和改良，主要包括木材细胞壁裂解、代谢产物去除、DNA 富集等过程。

2. 紫外分光光度计法测定 DNA 纯度

核酸碱基中的共轭双键具有紫外光吸收性质，核酸在紫外光谱区中有一条典型吸收曲线，吸收高峰在 260 nm 处，吸收低谷在 230 nm 处。蛋白质的吸收高峰在 280 nm 处，因此、核酸的紫外吸收光谱数据是鉴定核酸纯度和含量重要依据之一。经验数据表明，纯净的核酸溶液 $A_{260}/A_{230} \geqslant 2.0$，比值过小说明有杂质(一般为多酚类或色素)；$A_{260}/A_{280} \geqslant 1.8$，比值过小说明蛋白质未脱净。

四、实验方法

1. DNA 提取

(1)65℃水浴提前预热 DNA 提取液[2%(*w/v*)CTAB，5%(*w/v*)PVP，1.4 mol/L NaCl，0.02 mol/L EDTA，0.1 mol/L Tris-HCl(pH 8.0)，2% DTT]；

(2)向装有 100 mg 木粉的 2 mL 微量离心管中加入 1000 mL DNA 提取液，65℃水浴 5 h，在此期间不时上下混匀；

(3)冷却 2 min 后，向微量离心管中加入等体积的氯仿：异戊醇(24：1)，置于混匀器上下旋转混匀 10 min，60 r/min；

(4)10 000 r/min 离心 10 min，将上清液转移至另一新离心管中；

(5)重复步骤(3)和步骤(4)各 1 次；

(6)加入 1 倍体积预冷异丙醇，置于-20℃低温冰箱中保存 30 min，以沉淀 DNA；

(7)12 000 r/min 离心 10 min，倒掉清液并用纸擦拭瓶口，置于平板上风干；

(8)加入预冷的 75%乙醇 200 mL，洗涤；

(9)10 000 r/min 离心 10 min 后，倒掉乙醇；

(10)重复洗涤 1 次，并倒置风干；

(11)加入 50 μL 双蒸水溶解，置于 4℃冰箱中保存备用。

2. DNA 纯度鉴定

取 1 μL 样品稀释至 100 μL，用 TE 缓冲液[0.001 mol/L EDTA，0.01 mol/L Tris-HCl (pH 8.0)]作空白对照，用紫外分光光度计测定 230 nm、260 nm、280 nm 处的吸光值，计算 A_{260}/A_{230}、A_{260}/A_{280} 比值。

五、实验要求

(1)观察、记录木材 DNA 的提取主要过程。

(2)简述实验流程，以图或表的形式列出每个阶段的实验结果。

六、注意事项

(1)一般来说，获取木材基因组 DNA 的难易度为：生材>气干材>绝干材；边材>心材。

(2)通过梯度实验确定优化的细胞裂解时间和 DNA 沉淀时间，以获取更高的 DNA 得率和纯度。

七、思考题

(1)如何进一步提高木材 DNA 的提取效率?
(2)木材 DNA 提取液中 EDTA 和 DTT 的作用分别是什么?

实验 13　琼脂糖凝胶电泳

一、实验目的

了解琼脂糖凝胶电泳分离 DNA 的基本原理，掌握琼脂糖凝胶电泳实验的基本流程。

二、实验材料与设备

1. 实验材料

琼脂糖、1×TAE 缓冲液、6×载样缓冲液(6×Loading Buffer)、DNA 树分子质量标准(DNA Marker)、核酸染料、DNA 提取液等。

2. 实验设备

微量移液器、天平、电泳仪、电泳槽、凝胶成像系统、低温冰箱、微波炉等。

三、实验原理

在生理条件下，核酸分子之糖-磷酸骨架中的磷酸基团是呈离子化状态的。因此 DNA 和 RNA 多核苷酸链又被称为多聚阴离子。把这些核酸分子置于电场中，它们就会向正电极的方向迁移。由于糖-磷酸骨架在结构上的重复性质，相同数量的双链 DNA 几乎具有等量的净电荷，因此它们能以同样的速度向正电极方向迁移。在一定的电场强度下，DNA 分子的这种迁移速度，亦即电泳的迁移率，取决于核酸分子本身的大小和构型，这是应用凝胶电泳技术分离 DNA 片段的基本原理。

琼脂糖是一种线性多糖聚合物，从红色海藻产物琼脂中提取而来。将琼脂糖粉末加热到熔点后冷却凝固便会形成良好的电泳介质，其密度由琼脂糖的浓度决定。经过化学修饰的低熔点琼脂糖，在结构上比较脆弱，在较低的温度下便会熔化，常用于 DNA 片段的制备电泳。

凝胶的分辨能力同凝胶的类型和浓度有关。琼脂糖凝胶分辨 DNA 片段的范围为 0.2~50 kb；而要分辨较小树分子质量的 DNA 片段，则需要使用聚丙烯酰胺凝胶，其分辨范围为 1~1000 bp。凝胶浓度的高低影响凝胶介质孔隙的大小，浓度越高，孔隙越小，其分辨能力就越强。

四、实验方法

1. 琼脂糖凝胶制备

(1)称取 0.6 g 琼脂糖于 50 mL 三角瓶中，加入电泳缓冲液 40 mL，配制 1.5%的琼脂糖凝胶，在微波炉中加热至琼脂糖完全溶解。

(2)待琼脂糖溶液冷却至60℃左右时，加入核酸染料充分混匀。

(3)将温热的琼脂糖凝胶倒入放置好梳齿的胶槽中冷却凝固。

(4)待凝胶完全凝固后(室温下约 30 min)，轻轻拔去梳齿，将制胶板移至电泳槽中。

2. 上样与电泳

(1)向电泳槽注入电泳缓冲液，过胶面约 1 mm。

(2)将 5 μL DNA 提取液与 1 μL 6×载样缓冲液混合后加入加样孔中进行电泳，在凝胶成像系统下观察。

五、实验要求

(1)观察、记录琼脂糖凝胶电泳实验的主要过程。

(2)简述实验流程，以图或表的形式列出每个阶段的实验结果。

六、注意事项

(1)缓冲液不要一次性配制过多，现配现用；电泳缓冲液和制胶缓冲液必须统一。

(2)采用移液器向加样孔进行加样时，每加完一次样品应及时更换枪头，以避免污染。

实验 14　聚合酶链反应

一、实验目的

了解聚合酶链反应技术的基本原理，掌握 PCR 扩增的基本方法。

二、实验材料与设备

1. 实验材料

木材 DNA 模板、*Taq* DNA 聚合酶、dNTPs、Mg^{2+}、PCR 缓冲液、引物、双蒸水等。

2. 实验设备

微量移液器、离心机、PCR 扩增仪等。

三、实验原理

聚合酶链反应是指在模板 DNA、引物和 4 种脱氧核苷酸存在的条件下，依赖于 DNA 聚合酶的酶促反应，依据碱基互补配对原理，将待扩增的 DNA 片段与其两侧互补的寡核苷酸链引物经“变性-退火-延伸”三步反应的多次循环，使 DNA 片段呈指数扩增，具有特异性强、灵敏度高等特点。

PCR 的基本反应步骤如下：

(1)模板 DNA 的变性　模板 DNA 经加热至 95℃一定时间后，使模板 DNA 双链或经 PCR 扩增形成的双链 DNA 解离，使之成为单链，为下轮引物的退火、延伸，以及获得新的模板做准备。

(2)模板 DNA 与引物的退火(复性)　在合适的退火温度下，加热变性后的单链 DNA 作为模板，与引物按照互补配对原则结合。

(3)引物的延伸　DNA 模板/引物结合物在 *Taq* DNA 聚合酶的作用下，以 dNTP 为反应原料，靶序列为模板，按照碱基配对原则，合成一条新的与模板 DNA 链互补的半保留复制链。

以上过程重复循环，而且每轮 PCR 的新合成链又可作为下一次循环的模板。经过 n 次循环，DNA 扩增量按照指数增加。在实际反应中通常达不到理论值，随着 PCR 产物的逐渐积累，被扩增的 DNA 片段不再呈指数增加，将进入平台期阶段。

四、实验方法

1. 反应体系

PCR 体系体积可选择 20～50 μL，主要包括 *Taq* DNA 聚合酶、dNTPs、Mg^{2+}、引物、DNA 模板、双蒸水等。按顺序加入 PCR 管，混匀后短暂离心将溶液甩至管底。

2. 反应程序

PCR 反应程序一般为：94℃预变性 90 s，94℃变性 5 s，在比引物溶解温度 T_m 低 5℃环境下进行退火 30 s，72℃延伸 20 s，循环 40 次，72℃终延伸 7 min，4℃保存待测。

五、实验要求

(1)观察、记录聚合酶链反应的主要过程。

(2)简述实验流程，以图或表的形式列出每个阶段的实验结果。

六、注意事项

(1)反应体系加样顺序　通常先加水，然后按从大体积到小体积的顺序依次加入试剂，最后加入 DNA 聚合酶。

(2)引物设计一般原则　①引物长度 15～30 bp，通常 25 bp；②G+C 含量以 40%～60%为宜；③避免引物内部出现二级结构；④引物 3′端的碱基，避免出现 3 个以上的连续碱基，如 GGG 或 CCC；⑤引物 3′端的末位碱基对 Taq DNA 聚合酶合成效率有较大影响，应避免在引物 3′端使用碱基 AT。

实验 15　近红外光谱法鉴别木材

一、实验目的

了解近红外光谱分析的基本原理，掌握近红外光谱仪的基本操作方法。

二、实验材料与设备

1. 实验材料

松木 *Pinus* sp.（松科松属）；杨木 *Populus* sp.（杨柳科杨属）。

2. 实验设备

傅里叶变换近红外光谱、配套软件 OPUS 7.2、粉碎机、手锯、网筛、广口瓶。

三、实验原理

木材三大素中的纤维素、半纤维素属于多糖类，木质素属于芳香族化合物，都含有大量的含氢基团，存在于细胞腔中的抽提物也含有羧酸、烃类、酯等含氢基团。近红外光谱属于分子振动光谱，产生于共价化学键非谐能级振动，C—H、N—H、O—H 等含氢基团在近红外区表现出较强的吸收。不同树种木材的主要化学成分相对含量不同，反映出的光谱吸收峰位置和强度也不同。通过化学计量学方法建立相应的模型，可实现近红外光谱法的定性与定量分析。

四、实验方法

1. 样品选择与制备

（1）定标样品应具有代表性，能够覆盖待检测样品的特性。每一类定标样品的数量最少为 30 个，模型外部检验样品数量至少为定标样品的 1/3。

（2）块状样品的光谱采集面应光滑、平整、清洁无污染，颗粒状样品的颗粒度应根据测试性质确定合适的颗粒度。

2. 样品检测

（1）设备调试　测试前按照仪器规定进行日常校正，对仪器进行噪声、波长准确度和重现性诊断。在光谱数据收集过程中，保持实验方法和环境温湿度的一致性。

（2）参数设置　采用漫反射法进行数据采集，用空气做空白，室温下进行测定。扫描范围 3600~12 500 cm^{-1}，分辨率 8 cm^{-1}。选取样品的径切面上颜色近似的 6 个位点进行扫描，每个位点扫描次数 32 次，结果取平均值，所得数据作为建立近红外判别模型和验证模型的光谱数据。

（3）光谱预处理　采用近红外光谱仪的化学计量学软件 OPUS 进行数据预处理和建模，使用基线校正和归一化等方法对光谱进行预处理。基线校正法是为了扣除仪器背景或漂移对信号的影响，如微分处理用于降低谱带重叠度，一阶导数处理用于消除基线平移，二阶导数处理用于消除平移和线性倾斜等。归一化法中的标准正态变量处理用于消除光谱中多元散射干扰和颗粒度的影响，多元散射校正处理用于补偿可能出现的波长依赖的光散射变化。

3. 数据处理

（1）建立定标模型

①采用偏最小二乘判别分析法（partial least squares discriminant analysis，PLS-DA）计算

光谱数据与类别变量的关系，建立定性判别定标模型。PLS-DA 是近红外光谱分析中应用很广的一种方法，通过分别将预测变量和观测变量投影到一个新空间，建立线性回归模型。

②利用定标模型对样品的近红外光谱进行计算，得到两类木材样品的判定结果。

(2)评价定标模型　可采用内部验证和外部验证的方法评价定标模型，通常正确判别率≥85%。

五、实验要求

(1)建立定标模型，计算定标模型对测试集的判别率。

(2)完成两种木材样品的预测与分类。

六、注意事项

(1)确保每次测定方法、环境温湿度与定标时一致，及时调整实验室的温度和湿度。

(2)测试前需准直光路，使仪器处于最佳状态。

(3)开机后须预热 30~60 min，待仪器稳定后方可使用。

实验 16　近红外光谱法鉴别不同产地的木材

一、实验目的

了解近红外光谱定性和定量分析的使用范围，熟悉近红外光谱分析的基本建模方法。

二、实验材料与设备

1. 实验材料

檀香紫檀 *Pterocarpus santalinus* L. f.（豆科紫檀属），产地印度。

染料紫檀 *Pterocarpus tinctorius*（豆科紫檀属），产地非洲赞比亚、坦桑尼亚、安哥拉等国。

未知木材样品（豆科紫檀属）。

2. 实验设备

傅里叶变换近红外光谱、配套软件 OPUS 7. 2。

三、实验方法

1. 样品选择与制备

(1)定标样品应具有代表性，能够覆盖待检测样品的特性。每一类定标样品的数量最少为 30 个，模型外部检验样品数量至少为定标样品的 1/3。

(2)块状样品的光谱采集面应光滑、平整、清洁无污染，颗粒状样品的颗粒度应根据测试性质确定合适的颗粒度。

2. 样品检测

(1)设备调试　测试前按照仪器规定进行日常校正，对仪器进行噪声、波长准确度和重现性诊断。在光谱数据收集过程中，保持实验方法和环境温湿度的一致性。

(2)参数设置　采用漫反射法进行数据采集，用空气做空白，室温下进行测定。扫描范围 12 500~3600 cm^{-1}，分辨率 8 cm^{-1}。选取样品的径切面上颜色近似的 6 个位点进行扫描，每个位点扫描次数 32 次，结果取平均值，所得数据作为建立近红外判别模型和验证模型的光谱数据。

(3)光谱预处理　采用近红外光谱仪的化学计量学软件 OPUS 进行数据预处理和建模，使用基线校正和归一化等方法进行光谱预处理。基线校正法是为了扣除仪器背景或漂移对信号的影响，如微分处理用于降低谱带重叠度，一阶导数处理用于消除基线平移，二阶导数处理用于消除平移和线性倾斜。归一化法中的标准正态变量处理用于消除光谱中多元散射干扰和颗粒度的影响，多元散射校正处理用于补偿可能出现的波长依赖的光散射变化。

3. 数据处理

(1)建立定标模型

①采用簇类独立软模式法(soft independent modelling of class analogy，SIMCA)分别对每一类样品的光谱数据进行主成分分析(principal component analysis，PCA)，并建立相应的模型。主成分分析法通过将原有的各个特征变量进行线性变换实现特征压缩，得到一批新特征变量。这种方法保留了原有特征的主要信息，减少了特征数量，降低了信息损失量。之后将光谱数据分为训练集和测试集，分别用于模型建立和模型验证。

②利用定标模型对样品的近红外光谱进行计算，得到不同类别木材样品的判定结果。

(2)评价定标模型　可采用内部验证和外部验证的方法评价定标模型，通常正确判别率≥85%。

4. 未知样品检测

对未知木材样品进行近红外光谱数据采集，选取定标模型，将样品的近红外光谱代入定标模型进行计算，得到未知样品的判别结果。

四、实验要求

(1)建立定标模型，计算定标模型对测试集的判别率。

(2)完成待测样品的预测。

五、思考题

(1)为什么要用化学计量学方法建立定量分析模型?

(2)简述使用近红外光谱定量分析木材样品的基本流程。

实验 17　红外光谱法测定木材化学结构

一、实验目的

了解傅里叶变换红外光谱仪的工作原理，熟悉 KBr 压片法制备固体样品的方法。

二、实验材料与设备

1. 实验材料

(1)木材样品 松木 *Pinus* sp.(松科松属);桉木 *Eucalyptus* sp.(桃金娘科桉属)。

(2)化学试剂 溴化钾(KBr)。

2. 实验设备

傅里叶变换红外光谱仪、压片机、电子天平、玛瑙研钵、干燥器、红外灯等。

三、实验原理

木材主要有纤维素、半纤维素和木质素组成,以及少量的羧酸、烃类、酯类、多酚类等抽提物。不同树种的化学组分及结构差异较大,其中纤维素中的羟基,半纤维素中的羧基、乙酰基,抽提物中的羧酸等都是红外敏感基团。木质素的三种基本结构单元分别为愈创木基丙烷、紫丁香基丙烷和对羟苯基丙烷,在针叶树材和阔叶树材中的比例有所不同。针叶树材木质素中含有大量的愈创木基丙烷和少量的对羟苯基丙烷;阔叶树材木质素中含有大量的紫丁香基丙烷和愈创木基丙烷,还有比针叶树材含量更少的对羟苯基丙烷。木质素分子中含有的甲氧基、羟基、羰基、双键及苯环等都是红外敏感基团,这些红外敏感基团都反映出不同程度的吸收。

四、实验方法

1. 样品制备

(1)将待测样品切成小薄木片,充分混合,置入粉碎机中磨成粉末状,过 100 目筛(孔径 0.15 mm)后,贮存于具有磨砂玻璃塞的广口瓶中。

(2)将 KBr 在 120℃条件下干燥 48 h,研磨成粉末,取 70 mg 粉末放入磨具中,均匀分散后进行压片,压力约为 12 MPa,保压 1 min 左右。

(3)KBr 与所有样品比例按 70~100∶1(KBr 70~100 mg,样品 1 mg)进行混合,取混合均匀的样品 70 mg 放入磨具中,均匀分散后进行压片,压力约为 12 MPa,保压 1 min 左右。

2. 参数设置

设置仪器参数:测试波数范围 400~4000 cm^{-1},仪器分辨率 4 cm^{-1},扫描次数 32 次,扫描时实时扣除 H_2O 和 CO_2 的干扰。

3. 样品检测

将压制好的空白 KBr 薄片放入仪器卡槽中,进行背景采集。之后对所有样品薄片进行检测,扫描结束后取出样品,导出数据。

4. 数据记录与谱图解析

对所有样品的红外光谱均进行归一化处理,并与谱库中的谱图进行相似度比较,完成定性分析。参照表 7,通过查找资料对光谱图上的每个吸收峰进行解析,在指纹区找出官能团存在依据,推断化合物结构。

表 7　木材红外光谱谱图解析

序号	吸收峰位置/cm^{-1}	官能团
1		
2		
3		
4		
5		

五、注意事项

(1)保持仪器分析室的温湿度稳定，否则易造成数据误差大。

(2)压片机压力不得超过 20 MPa，使用镊子取出压好的薄片，避免污染薄片。

(3)红外灯的光源温度较高，不宜长时间开，并避免烫伤。

(4)检测结束后，所用制样工具，如研钵、磨具等均需使用无水乙醇擦洗干净，并在红外灯下烘干，模具需放入干燥器中保存，避免生锈。

实验 18　红外光谱法在相似木材鉴别中的应用

一、实验目的

熟悉傅里叶变换红外光谱仪的操作流程，掌握红外光谱定性、定量分析的基本方法。

二、实验材料与设备

1. 实验材料

(1)木材样品　檀香紫檀 *Pterocarpus santalinus* L. f.(豆科紫檀属)；卢氏黑黄檀 *Dalbergia louvelii* R. Vig.(豆科黄檀)；未知木材样品。

(2)化学试剂　溴化钾(KBr)。

2. 实验设备

傅里叶变换红外光谱仪、压片机、电子天平、玛瑙研钵、干燥器、红外灯等。

三、实验方法

1. 样品制备

(1)将待测样品切成小薄木片，充分混合，置入粉碎机中磨成粉末状，过 100 目筛(孔径 0.15 mm)后，贮存于具有磨砂玻璃塞的广口瓶中。

(2)将 KBr 在 120℃条件下干燥 48 h，研磨成粉末，取 70 mg 粉末放入磨具中，均匀分散后进行压片，压力约为 12 MPa，保压 1 min 左右。

(3)KBr 与所有样品比例按(70～100)：1(KBr 70～100 mg，样品 1 mg)进行混合，取

混合均匀的样品 70 mg 放入磨具中，均匀分散后进行压片，压力约为 12 MPa，保压 1 min 左右。

2. 参数设置

设置仪器参数：测试波数范围 400~4000 cm^{-1}，仪器分辨率 4 cm^{-1}，扫描次数 32 次，扫描时实时扣除 H_2O 和 CO_2 的干扰。

3. 样品检测

将压制好的空白 KBr 薄片放入仪器卡槽中，进行背景采集。之后对所有样品薄片进行检测，扫描结束后取出样品，导出数据。

4. 数据记录与谱图解析

对所有样品的红外光谱均进行归一化处理，并与谱库中的谱图进行相似度比较，完成定性分析。通过查找资料对光谱图上的每个吸收峰进行解析，在指纹区找出官能团存在依据，推断化合物结构，数据记录参照表 7。

5. 树种鉴定结论

对未知样品的谱图进行解析，对照标准样品谱图完成树种鉴定，提交实验报告。

四、思考题

(1) 为什么要使用 KBr 做空白背景？

(2) 简述红外图谱的解析步骤。

实验 19　气质联用法测定木材心材的化学组分及相对含量

一、实验目的

了解气质联用仪的基本操作流程，掌握气质联用法中常用的定量分析方法。

二、实验材料与设备

1. 实验材料

降香黄檀 *Dalberigia odorifera* T. Chen(豆科黄檀属)抽提物(实验室自提)。

2. 实验设备

气相色谱-质谱联用仪(GC-MS)，配石英毛细管色谱柱(型号 HP-5MS，0.25 mm×30 m，0.25 μm)。

三、实验原理

木材抽提物的化学组分及含量受树种、产地、树龄、采伐季节、取材部位、存放运输及提取条件等因素的影响而具有一定差异。同属木材的抽提物类型往往相同或相近，但组成和含量仍有显著差异，可作为树木化学分类学的依据。先将复杂的木材抽提物经色谱仪进行初步分离，进入质谱仪中检测得到待测产物的保留时间、峰强度和质荷比等信息。使用 GC-MS 对不同树种的抽提物进行分析，得到其对应的总离子流图，经质谱图库匹配得到不同树种的主要化学组分、相对含量及之间的差异。结合不同数据分析方法，从而实现木材树种的鉴定和成分分析。

四、实验方法

1. 样品制备

木材样品成分复杂，需要经过萃取、浓缩、衍生化等预处理后才能进入 GC-MS 进行分析，且样品必须是在气相色谱工作温度下(如 300℃)能汽化、不含水、浓度与仪器灵敏度相匹配，并根据得到信号的大小对样品浓度进行适当稀释。

2. 开机准备

打开载气瓶(高纯氦)总阀开关，调整输出气压。检查质谱接口密闭性及色谱柱是否完好安装。启动质谱仪，依次开启机械泵、分子涡轮泵抽真空。启动气相色谱仪，进行自检。

3. 参数设定

打开仪器工作站，设置气相色谱分析条件：进样方式不分流，柱流速 1.0 mL/min，进样量为 1 μL。进样口温度为 250℃，初始温度为 50℃并保持 5 min，以 10℃/min 的升温速率升至温度 280℃并保持 5 min，分流比为 1∶50。

质谱分析条件：离子源温度为 230℃，接口温度为 250℃，扫描质荷比范围 50～500，设置完成后开始进样并采集数据。

4. 谱图分析

利用仪器自带的数据分析软件对化合物进行积分和提取，获取保留时间、峰面积等数据，再利用标准质谱图库对各化学组分进行匹配和检索，检出相关度较大的已知物的标准谱图，对检测样品的谱图进行解析，参考标准谱图得出鉴定结果。

五、实验数据及处理

1. 定性分析

将样品色谱图代入谱库中进行检索，根据相似度、基峰、相对丰度等信息确定每个色谱峰的化学组分。

2. 定量分析

样品中各化学组分的含量，按峰面积归一化法计算相对百分含量：

$$c_i = \frac{A_i}{A_t} \times 100\%$$

式中，c_i 为样品中某化学组分的相对百分含量(%)；A_i 为样品中某化学组分的峰面积(mm^2)；A_t 为样品色谱图上的峰总面积(mm^2)。

六、实验要求

(1)气质联用仪为大型精密仪器，所有操作需在教师指导下完成，严禁自行操作。

(2)注意开机顺序，严格按照仪器手册进行操作。

实验 20　气质联用法鉴别紫檀属木材

一、实验目的

了解木材抽提物主要组分及提取方法，熟悉气质联用仪的基本操作流程。

二、实验材料与设备

1. 实验材料

(1)木材样品　檀香紫檀 *Pterocarpus santalinus* L. f.（豆科紫檀属）；染料紫檀 *Pterocarpus tinctorius*（豆科紫檀属）；未知木材样品 *Pterocarpus* sp.（豆科紫檀属）。

(2)化学试剂　二氯甲烷、无水乙醇。

2. 实验设备

气相色谱-质谱联用仪，配石英毛细管色谱柱（型号 HP-5MS，0.25 mm×30 m，0.25 μm）；0.45 μm 膜滤器。

三、实验方法

1. 样品制备

称取一定量的待测样品粉末，用水蒸气蒸馏法提取木材抽提物，经过溶剂萃取、水分干燥及浓缩等步骤得到样品。

2. 参数设定

根据样品情况和仪器操作说明（详见实验 19），设置气相色谱分析条件（进样口温度、升温程序、载气流量等）和质谱分析条件（扫描速度、扫描范围等、电子能量等），待仪器就绪后设定数据路径、文件名称、样品信息等，之后开始进样并采集数据。

3. 谱图分析

采用总离子流测量方式进行色谱分离，记录各个组分的质谱图。在气质联用仪自带的谱图库中进行检索，检出相关度较大的已知物的标准谱图，对检测样品的谱图进行解析，参考标准谱图得出鉴定结果，填入表 8。

表 8　数据记录及分析

序号	保留时间/min	定性分析结果（分子量）	分子结构式	推测化合物	相对含量/%	
					檀香紫檀	染料紫檀
1						
2						
3						
4						
5						

4. 测定未知样品

测定未知样品，记录数据，进行谱图解析。对照标准样品数据完成树种鉴定，提交实验报告。

四、思考题

(1)依照实验结果，如何完成未知木材样品的树种鉴定?

(2)简述近红外光谱法和气质联用法进行木材树种鉴定的优点和缺点?

参考文献

成俊卿，1985. 木材学[M]. 北京：中国林业出版社.

陈建波，2010. 二维相关红外光谱差异分析方法及其应用研究[D]. 北京：清华大学.

陈士林，2012. 中药DNA条形码分子鉴定[M]. 北京：人民卫生出版社.

岛地谦，原田浩，佐伯浩，等，1985. 木材の构造[M]. 东京：文永堂出版株式会社.

黄立华，王亚琴，梁山，等，2017. 分子生物学实验技术：基础与拓展[M]. 北京：科学出版社.

姜笑梅，程业明，殷亚方，等，2010. 中国裸子植物木材志[M]. 北京：科学出版社.

姜笑梅，殷亚方，刘波，2010. 木材树种识别技术现状、发展与展望[J]. 木材工业，24(4)：36-39.

焦立超，2015. 基于DNA条形码的濒危木材识别技术研究[D]. 北京：中国林业科学研究院.

柯小龙，2017. 卷积神经网络图像分类应用研究[D]. 深圳：深圳大学.

李坚，王清文，李淑君，2020. 木材波谱学[M]. 2版. 北京：科学出版社.

李彦冬，郝宗波，雷航，2016. 卷积神经网络研究综述[J]. 计算机应用，36(9)：2508-2515.

刘雪静，吴鸿伟，闫春燕，等，2019. 仪器分析实验[M]. 北京：化学工业出版社.

刘亚娜，2014. 基于近红外光谱技术的木材识别初步研究[D]. 北京：中国林业科学研究院.

刘一星，赵广杰，2012. 木材学[M]. 北京：中国林业出版社.

邱坚，郭梦麟，2016. 木材显微技术[M]. 北京：中国质检出版社.

饶立群，2013. 植物分子生物学技术实验指导[M]. 北京：化学工业出版社.

日本木材学会，2011. 木質の构造[M]. 东京：文永堂出版株式会社.

山林暹，1958. 木材组织学[M]. 东京：森北出版株式会社.

申宗圻，1983. 木材学[M]. 北京：中国林业出版社.

首都师范大学《仪器分析实验》教材编写组，2016. 仪器分析实验[M]. 北京：科学出版社.

佟永萍，2005. 杉木管胞具缘纹孔膜及其塞缘微孔构造[D]. 北京：北京林业大学.

汪杭军，2013. 基于纹理的木材图像识别方法研究[D]. 合肥：中国科学技术大学.

王醒东，林中山，张立永，等，2012. 扫描电子显微镜的结构及对样品的制备[J]. 广州化工，40(19)：28-30.

魏康成，李建波，陈才武，等，2013. 扫描电镜技术在木材工业中的应用[J]. 林业机械与木工设备，41(1)：47-49.

徐柏生，陈敏忠，周世国，1995. 木材超薄切片及超微结构的初步研究[J]. 南京林业大学学报(3)：94-96.

徐有明，2019. 木材学[M]. 2版. 北京：中国林业出版社.

薛晓丽，于加平，韩凤波，等，2020. 仪器分析实验[M]. 北京：化学工业出版社.

薛晓明，南程慧，2016. 7种针叶树材红外光谱(FTIR)特征的比较与分析[J]. 安徽农业大学学报，43(1)：88-93.

严衍禄，陈斌，朱大洲，等，2013. 近红外光谱分析的原理、技术与应用[M]. 北京：中国轻工业出版社.

杨家驹，程放，杨建华，等，2009. 木材识别[M]. 北京：中国建材工业出版社.

杨忠，吕斌，黄安民，等，2012. 近红外光谱技术快速识别针叶材和阔叶材的研究[J]. 光谱学与光谱分析，32(7)：1785-1789.

腰希申，1988. 中国主要木材构造-扫描电子显微镜[M]. 北京：中国林业出版社.

叶棋浓，2015. 现代分子生物学技术及实验技巧[M]. 北京：化学工业出版社.

殷亚方，焦立超，陆杨，2018. DNA 条形码：木材鉴别的新利器[J]. 科学，70(6)：29-32.

尹思慈，1996. 木材学[M]. 北京：中国林业出版社.

于海鹏，刘一星，刘镇波，2007. 基于图像纹理特征的木材树种识别[J]. 林业科学，43(4)：77-81.

张大同，2009. 扫描电镜与能谱仪分析技术[M]. 广州：华南理工大学出版社.

张方达，2014. 七种酸枝类木材的红外光谱与二维相关红外光谱研究[D]. 北京：中国林业科学研究院.

张洁，袁鹏飞，李君，2015. 木材识别与鉴定技术研究综述[J]. 湖北林业科技，44(2)：30-35.

张礼行，周丹水，郭聪颖，等，2018. 基于 GC-MS 技术对降香黄檀与其他黄檀属植物挥发油成分的鉴别分析[J]. 广东药科大学学报，34(5)：579-585.

张毛毛，2019. 基于 DART-FTICR-MS 和 GC-MS 的两种紫檀属木材化学指纹识别方法研究[D]. 北京：中国林业科学研究院.

张雯雅，2015. 近红外光谱技术在珍稀木材鉴别领域的研究与应用[D]. 杭州：浙江农林大学.

赵阅书，薛晓明，宋小娇，等，6 种阔叶树材红外光谱特征的比较[J]. 林业工程学报，4(5)：40-45.

朱涛，林金国，2017. 气相色谱质谱联用技术在木材识别中的应用[J]. 木材工业，31(2)：57-60.

朱玉贤，李毅，郑晓峰，等，2019. 现代分子生物学[M]. 5 版. 北京：高等教育出版社.

ABE H, WATANABE U, YOSHIDA K, et al., 2011. Changes in organelle and DNA quality, quantity and distribution in the wood of *Cryptomeria japonica* over long-term storage [J]. IAWA Journal, 32(2): 263-272.

ASIF M J, CANNON C H, 2005. DNA extraction from processed wood: a case study for the identification of an endangered timber species (*Gonystylus bancanus*) [J]. Plant Mol. Biol. Report., 23(2): 185-192.

BRUCE HOADLEY R, 1990. Identifying Wood [M]. Newtown: The Taunton Press.

BRUCE HOADLEY R, 2000. Understanding Wood [M]. Newtown: The Taunton Press.

CBOL Plant Working Group, 2009. A DNA barcode for land plants [J]. Proc. Nat. Acad. Sci. U. S. A., 106(31): 12794-12797.

CBOL Plant Working Group, LI D ZH, GAO L M, et al., 2011. Comparative analysis of a large dataset indicates that internal transcribed spacer (ITS) should be incorporated into the core barcode for seed plants [J]. Proc. Nat. Acad. Sci. U. S. A., 108(49): 19641-19646.

CORE H A, COTE W A, DAY A C, 1979. Wood Structure and Identification[M]. New York: Syracuse University Press.

DEGUILLOUX M F, PEMONGE M H, PETIT R J, 2002. Novel perspectives in wood certification and forensics: dry wood as a source of DNA [J]. Proc. R. Soc. Lond., 269(1495): 1039-1046.

DONG WENPAN, XU CHAO, LI CHANGHAO, et al., 2015. *ycf*1, the most promising plastid DNA barcode of land plants [J]. Sci. Rep., 5(1): 8348.

HINTON G E, SALAKHUTDINOV R R, 2006. Reducing the dimensionality of data with neural networks [J]. Science, 313(5786): 504.

IAWA COMMITTEE, 1989. IAWA list of microscopic features for hardwood identification [J]. IAWA Journal, 10(3): 219-332.

IAWA COMMITTEE, 2004. IAWA list of microscopic features for softwood identification [J]. IAWA Journal, 25(1): 1-70.

JANE F W, 1970, The Structure of Wood [M], London: Adam & Charles Black LTD.

JIAO L, HE T, DORMONTT E E, et al., 2019. Applicability of chloroplast DNA barcodes for wood identification between *Santalum album* and its adulterants [J]. Holzforschung, 73(2): 209-218.

JIAO L, LIU X, JIANG X, et al., 2015. Extraction and amplification of DNA from aged and archaeological *Populus euphratica* wood for species identification [J]. Holzforschung, 69(8): 925-931.

JIAO L, LU Y, HE T, et al., 2019. A strategy for developing high-resolution DNA barcodes for species discrimination of wood specimens using the complete chloroplast genome of three *Pterocarpus* species [J]. Planta, 250(1): 95-104.

JIAO L, YIN Y, XIAO F, et al., 2012. Comparative analysis of two DNA extraction protocols from fresh and dried wood of *Cunninghamia lanceolata (Taxodiaceae)* [J]. IAWA Journal, 33(4): 441-456.

JIAO L, YU M, WIEDENHOEFT AC, et al., 2018. DNA barcode authentication and library development for the wood of six commercial *Pterocarpus* species: The critical role of xylarium specimens [J]. Sci. Rep., 8(1): 1945.

JOLIVET C, DEGEN B, 2012. Use of DNA fingerprints to control the origin of sapelli timber (*Entandrophragma cylindricum*) at the forest concession level in Cameroon [J]. Forensic Sci. Int. Genet., 6(4): 487-493.

LECUN Y, BENGIO Y, HINTON G, 2015. Deep learning [J]. Nature, 521(7553): 436.

Lendvay B, Hartmann M, Brodbeck S, et al., 2018. Improved recovery of ancient DNA from subfossil wood-application to the world' s oldest Late Glacial pine forest [J]. New Phytol, 217(4): 1737-1748.

PANSHIN A J, DE ZEEUW CARL, 1980. Textbook of Wood Technology [M]. Fourth Edition. New York: McGraw-Hill Book Company.

RACHMAYANTI Y, LEINEMANN L, GAILING O, et al., 2006. Extraction, amplification and characterization of wood DNA from Dipterocarpaceae [J]. Plant Mol. Biol. Rep., 24(1): 45-55.

RACHMAYANTI Y, LEINEMANN L, Gailing O, et al., 2009. DNA from processed and unprocessed wood: Factors influencing the isolation success [J]. Forensic Sci. Int-Gen., 3(3): 185-192.

SANDAK A, SANDAK J, NEGRI M, 2011. Relationship between near-infrared (NIR) spectra and the geographical provenance of timber [J]. Wood Science and Technology, 45(1): 35-48.

SHMULSKY R, JONES P D, 2011. Forest Products and Wood Science [M]. 6th ed tion. West Sussex: John Wiley & Sons.

SILVER D, SCHRITTWIESER J, SIMONYAN K, et al., Mastering the game of Go without human knowledge 2017. Nature, 550(7676): 354-359.

TANG X, ZHAO G, PING L, 2011. Wood identification with PCR targeting noncoding chloroplast DNA [J]. Plant Mol. Biol., 77(6): 609-617.

UNITED NATIONS OFFICE on DRUGS and CRIME, 2016. Best Practice Guide for Forensic Timber Identification [M]. New York: United Nations.

WATANABE U, ABE H, 2017. Sequencing and quantifying plastid DNA fragments stored in sapwood and heartwood of *Torreya nucifera* [J]. J. Wood Sci., 63(3): 201-208.

WATANABE U, ABE H, YOSHIDA K, et al., 2015. Quantitative evaluation of properties of residual DNA in *Cryptomeria japonica* wood [J]. J. Wood Sci., 61(1): 1-9.

WILSON K, WHITE D J B, 1986. The Anatomy of Wood: its diversity and variability [M]. London: Stobart.

YU M, JIAO L, GUO J, et al., 2017. DNA barcoding of vouchered xylarium wood specimens of nine endangered *Dalbergia* species [J]. Planta, 246(3): 1165-1176.

YU S, YUAN L, GUAN W, et al., 2017. Deep Learning for Plant Identification in Natural Environment [J]. Computational Intelligence and Neuroscience(4): 1-6.

ZHANG F D, XU C H, LI M Y, et al., 2014. Rapid identification of *Pterocarpus santalinus* and *Dalbergia louvelii* by FTIR and 2D correlation IR spectroscopy [J]. Journal of Molecular Structure, 1069(1): 89-95.

ZHANG M M, ZHAO G J, GUO J, et al., 2019. A GC-MS Protocol for Separating Endangered and Non-endangered Pterocarpus Wood Species [J]. Molecules, 24(4): 799.

附　录

附录 1　国内主要木材检索表

未知树种标本

1. 木材不具管孔，木射线在肉眼下不明晰 ………………………………………… 2
1. 木材通常具有管孔，木射线在肉眼下明晰或不明晰 ……………………………… 23

针叶树材

2. 具纵向和横向树脂道，前者形如深色或浅色的小孔隙或斑点，大部分限于生长轮外部，后者包含在木射线中，在横切面上形成径列条纹 ………………………… 3
2. 在正常状态下，不具纵向和横向树脂道，间或有纵向创伤树脂道，成弦向排列 …………………………………………………………………………………… 11
3. 树脂道较多，放大镜下明显，松脂气味显著 ……………………………………… 4
3. 树脂道通常稀少，分布不均匀，若数量多时，则 2 至多个排成弦列……………… 9
4. 质软而轻，早材到晚材渐变，晚材带不明显，通常较窄 ……………… 软木松类 5
4. 质较硬、较重，早材到晚材急变，晚材带明显，心材通常很明显 …… 硬木松类 6
5. 边材较宽，心材淡红褐色，生长轮较均匀，质轻，结构中 ……………………… ………………………………………………………………… 红松 *Pinus koraiensis*
5. 边材狭窄，心材淡红褐色，结构中至细……………………… 华山松 *Pinus armandii*
6. 树脂道多且大，在肉眼下似小孔，结构粗；生长轮不均匀，常宽；边材甚宽，晚材带常宽……………………………………………………… 马尾松 *Pinus massoniana*
6. 树脂道较少且小，肉眼下常呈浅色或褐色斑点，结构粗或中至粗，生长轮窄，晚材带较窄 ……………………………………………………………………………… 7
7. 结构中或中至粗，生长轮均匀 ……………………………………………………… 8
7. 结构粗至甚粗，生长轮不均匀，边材宽……………………… 云南松 *Pinus yunnanensis*
8. 结构中，质略硬；边材狭至略宽……………………………… 油松 *Pinus tabuliformis*
8. 结构中至粗；质较软；边材狭……………………………… 樟子松 *Pinus sy lvestris*
9. 早材至晚材渐变；晚材带明晰；结构通常中 ………………………… 云杉属 *Picea* sp.
9. 早材至晚材急变；晚材带明显，结构中或粗 ……………………………………… 10
10. 心材红褐色或浅红褐；年轮内急变显著………………………… 黄杉属 *Pseudotsuga* sp.
10. 心材黄褐色至浅红褐；年轮内急变非常显著 ………………………… 落叶松属 *Larix* sp.
11. 木材无香气，间或具有难闻气味…………………………………………………… 12

11. 木材有香气……………………………………………………………………………………… 18
12. 心材色红，桔红褐色；结构细 …………………………………… 红豆杉 *Taxus chinensis*
12. 心材色浅…………………………………………………………………………………… 13
13. 早晚材渐变，木材细…………………………………………………………………… 14
13. 早晚材变化明显………………………………………………………………………… 17
14. 心边材有区别，边材浅黄，心材黄色或浅褐色……………………………………… 15
14. 心边材无区别，或区别不明显………………………………………………………… 16
15. 木材通常无特殊气味；心材浅褐 ……………………………………… 银杏 *Ginkgo biloba*
15. 木材新切面上有难闻气味；心材色黄 ……………………………… 香榧 *Torreya grandis*
16. 材色红褐 ……………………………………………………………… 雪松 *Cedrus deodara*
16. 材色浅黄 ……………………………………………………………… 粗榧 *Cephalotaxus* sp.
17. 质柔；结构甚细至中；早材至晚材渐变，硬度一致 ……………… 冷杉 *Abies fabric*
17. 质较硬；结构粗；早材至晚材急变，硬度不一致 …………… 铁杉 *Tsuga chinensis*
18. 心材紫红色，久露则成暗红或红褐色；结构甚细…………… 桧柏 *Sabina Chinensis*
18. 心材草黄或红褐；结构细至粗………………………………………………………… 19
19. 心材通常灰红褐色，结构中至粗……………………………………………………… 20
19. 心材草黄褐色或灰褐中带黄色；结构细或细至中…………………………………… 22
20. 心材通常灰红褐色；晚材带狭；结构中；杉木香气甚显著 ………………………
　　……………………………………………………… 杉木 *Cunninghamia lanceolata*
20. 心材红褐色中带紫色；晚材带狭至略宽；结构中至粗；香气不显著…………… 21
21. 心材红褐色，晚材带略宽，结构中 ……………………… 柳杉 *Cryptomeria japonica*
21. 心材红色或红色带紫；晚材带窄狭；结构粗；树皮纤维状，密实，表面灰白色 …
　　……………………………………………………… 水杉 *Metasequoia glyptostroboides*
22. 心材草黄褐色；结构细；柏木香气显著 ……………………… 柏木 *Cupressus funebris*
22. 心材灰褐色带黄，边材淡红褐色；结构细至中；香气不显著 ……………………
　　……………………………………………………………… 福建柏 *Fokienia hodginsii*

阔叶树材

23. 环孔材：早材管孔比晚材管孔大，早材带界限明显………………………………… 24
23. 半环孔材或半散孔材：早材管孔至晚材管孔渐变…………………………………… 52
23. 散孔材：早晚材界限不明显，早晚材管孔的大小相差不大，管孔分布较均匀 …
……………………………………………………………………………………………… 58

环孔材

24. 有宽木射线……………………………………………………………………………… 25
24. 无宽木射线……………………………………………………………………………… 29
25. 早材管孔 1 列，间或 2 列；有侵填体或无…………………………………………… 26

25. 早材管孔2列，间或多列，侵填体多…………………………………………………… 28
26. 栓皮层厚，富弹性，无侵填体 ………………………… 栓皮栎 *Quercus variabilis*
26. 树皮无弹性，有侵填体……………………………………………………………… 27
27. 树皮灰褐；边材红褐色 ………………………………… 麻栎 *Quercus acutissima*
27. 树皮灰褐至黑褐；边材灰褐色…………………………………… 枹树 *Quercus chenii*
28. 树皮硬；晚材管孔大；心材红褐色……………………… 小叶栎 *Quercus chenii*
28. 树皮可用手指划破；晚材管孔小；心材灰褐色 ……………… 白栎 *Quercus fabric*
29. 晚材管孔和薄壁组织聚合成连续不断弦向带，早材管孔数列…………………… 30
29. 晚材管孔和薄壁组织不聚合成连续不断弦向带；晚材带成明显径向排列(火焰状)
……………………………………………………………………………………… 40
30. 心材中早材管孔充满侵填体；心材暗黄褐色 …………… 刺槐 *Robinia pseudoacacia*
30. 心材中早材管孔不含侵填体，或有一部分含侵填体，早材带明显………………… 31
31. 有香气；心材栗褐色 ……………………………………… 檫木 *Sassafras tzumu*
31. 无香气……………………………………………………………………………… 32
32. 心材带黄色………………………………………………………………………… 33
32. 心材带不具黄色…………………………………………………………………… 34
33. 心材桔黄至金褐，久置后呈暗褐；晚材管孔斜列及短波浪形 …… 桑树 *Morus alba*
33. 心材黄褐色或灰黄褐色，久后呈栗褐色，晚材管孔呈人字形波浪状 ……………
…………………………………………………………… 黄连木 *Pistacia chinensis*
34. 早材管孔在肉眼下明晰；侵填体多或少；波浪形晚材管孔带宽或窄；木射线在肉眼下明显或不明显…………………………………………………………………… 35
34. 早材管孔在肉眼下不明显；侵填体多；侵填体在肉眼下不明显，心材深红褐色 …
…………………………………………………………… 榔榆 *Ulmus parvifolia*
35. 木材色深，心材深褐色，少数管孔中含黑褐色树胶………… 槐树 *Sophora japonica*
35. 材色较浅…………………………………………………………………………… 36
36. 木射线在肉眼下略明晰至不明晰…………………………………………………… 37
36. 木射线在肉眼下明晰至明显……………………………………………………… 39
37. 木射线色深，在肉眼下略明显 ………………………………… 春榆 *Ulmus japonica*
37. 木射线色浅，在肉眼下略明显……………………………………………………… 38
38. 心材暗红褐色 ……………………………………………… 白榆 *Ulmus pumila*
38. 心材黄褐色……………………………………………… 皂荚 *Gleditsia sinensis*
39. 心材灰褐色，早材至晚材渐变 ………………………………… 朴树 *Celtis sinensis*
39. 心材褐色；早材至晚材急变……………………… 榉木 *Zelkova schneideriana*
40. 晚材带具离管薄壁组织，弦列…………………………………………………… 41
40. 晚材带薄壁组织不明显或呈环管状……………………………………………… 44
41. 晚材管孔单独、斜列；具网状薄壁组织 ……………… 山核桃 *Carya cathayensis*
41. 晚材管孔火焰状，薄壁组织明显………………………………………………… 42
42. 早材至晚材略急变，边材黄褐色；心材黑褐色……… 化香树 *Platycarya strobilacea*

42. 早材至晚材略急变………………………………………………………………………… 43
43. 生长轮明显；早材管孔大；心材栗褐色…………………… 栗木 *Castanea bungeana*
43. 生长轮不明显；早材管孔中；心材灰红褐色 ………… 苦槠 *Castanopsis sclerophylla*
44. 木射线细至甚细…………………………………………………………………………… 45
44. 木射线数少，细至中在肉眼下略见……………………………………………………… 51
45. 木射线在肉眼下不见或不明显…………………………………………………………… 46
45. 木射线在肉眼下略明显…………………………………………………………………… 48
46. 心边材无区别；材色灰黄褐；晚材管孔短弦列或波浪状 ……………………………
　　…………………………………………………………………… 白蜡树 *Fraxinus chinensis*
46. 心边材有区别……………………………………………………………………………… 47
47. 心材灰褐色；晚材管孔单独；早晚材急变 ………… 水曲柳 *Fraxinus mandshurica*
47. 心材深灰褐色；晚材管孔弦列 ………………………………… 楸树 *Catalpa bungei*
　　……………………………………………………………………………… 梓树 *Catalpa ovata*
48. 晚材管孔单独或短径列；心材深红褐色…………………………… 香椿 *Toona sinensis*
48. 晚材管孔短弦列或斜列…………………………………………………………………… 49
49. 早材至晚材急变；心材深栗褐色，内皮黄色；木栓层厚而软 ……………………
　　………………………………………………… 黄檗（黄波罗）*Phellodendron amurense*
49. 早材至晚材略渐变………………………………………………………………………… 50
50. 晚材管孔弦列；质轻软 ………………………………………… 泡桐属 *Paulownia* sp.
50. 晚材管孔短斜列；材色黄褐色至红褐 ………………… 构树 *Broussonetia papyrifera*
51. 晚材管孔弦列，呈波浪状；早晚材急变，材色浅，无光泽 ………………………
　　…………………………………………………………………… 臭椿 *Ailanthus altissima*
51. 微具皮革气味，晚材管孔单独，心材黄褐色，有光泽 ……… 柚木 *Tectona grandis*

半环孔材

52. 具宽木射线，最宽为最大管孔的 2 倍…………………………………………………… 53
52. 不具宽木射线……………………………………………………………………………… 55
53. 宽木射线在肉眼下明显，数多，分布较均匀；带状离管薄壁组织在肉眼下可见管孔呈辐射状…………………………………………………………………………………… 54
53. 宽木射线较细，离管薄壁组织（星散聚合）在肉眼下不得见，管孔小，散生而径列
　　………………………………………………………………… 水青冈 *Fagus longipetiolata*
54. 材表槽棱正齐，宽射线多单出，偶见聚合射线，近髓心的年轮呈梅花形 ………
　　………………………………………………………………… 青冈 *Cyclobalanopsis glauca*
54. 材表槽棱宽狭、深浅不一，聚合射线单出或成对 ………… 椆木 *Lithocarpus glaber*
55. 离管带状薄壁组织可见或略可见………………………………………………………… 56
55. 离管带状薄壁组织不见，呈傍管状；樟脑香味特别浓厚；心材红褐色；管孔周围薄壁组织较多，呈白色斑点 ………………………………… 香樟 *Cinnamomum camphora*
56. 材色深，心、边材区别明显，管孔斜列或 V 字形，材表具棱条 ……………… 57

56. 材色浅，心、边材区别不明显，材表不具棱条。离管切线状轴向薄壁组织呈连续细弦线，密集，在湿横切面上明晰 ………………………… 枫杨 *Pterocarya stenoptera*
57. 心材紫褐色，边材较窄，早材导管线稀而长，年轮具棱角，明显 ……………… ……………………………………………………………… 核桃楸 *Juglans mandshurica*
57. 心材暗褐色，边材较宽，早材导管线密而短 ………………… 核桃 *Juglans regia*

散孔材

58. 木射线极细………………………………………………………………………… 66
58. 具宽木射线，或部分为宽木射线………………………………………………… 59
58. 不具宽木射线，肉眼下可见宽于管孔直径……………………………………… 63
59. 宽木射线明显，数量多…………………………………………………………… 60
59. 宽木射线不明显，多或略多……………………………………………………… 64
60. 木射线宽度略一致；纹理交错，管孔多 ………………… 悬铃木 *Platanus orientalis*
60. 木射线分宽及甚窄两类，纹理不错……………………………………………… 61
61. 轴向薄壁组织不得见……………………………………………………………… 62
61. 轴向薄壁组织如湿以水可见……………………………………………………… 65
62. 木射线宽度不致，管孔多；材色浅；管孔长，径列 …………… 冬青 *Ilex chinensis*
62. 木射线宽度略一致，管孔少，纹理直 ………………… 鹅掌楸 *Liriodendron chinense*
63. 木射线较多，色浅，径切面上木射线斑纹明显，木材浅粉红色，髓斑甚多，弦切面具鸟眼形花纹 ……………………………………………… 三花槭 *Acer triflorum*
63. 木射线较少、色略浅与材色近似，径切面上木射线斑纹略明晰，弦切面波痕约略可见，边材黄白色，心材浅红褐色至红褐 …………………… 紫椴 *Tilia amurensis*
64. 心材鲜红褐色，单管孔排列辐射状，离管薄壁组织可见 ……………………… ……………………………………………………… 包果柯 *Lithocarpus cleistocarpus*
64. 材色浅，管孔内眼下不得见 ……………………………… 鹅耳枥属 *Carpinus* sp.
65. 心边材区别不明显，材色黄褐，微带浅绿色，木材具香气，管孔略少，单独或2~3个，肉眼略可见 ………………………………………………… 楠木 *Phoebe* sp.
65. 心边材区别明显，边材黄褐或灰黄褐色，甚宽，心材深红褐色或暗红色，管孔甚小，多单独或2~4个，材质较硬 …………………………………… 枣 *Ziziphus jujuba*
66. 管孔在年轮外缘分布较少较小…………………………………………………… 67
66. 管孔大小一致或几乎一致，分布均匀或几乎均匀……………………………… 68
67. 年轮末缘管孔分布斜线状略曲折呈波浪形；木材淡黄白色，近髓心部分呈淡红色 ……………………………………………………… 加拿大杨 *Populus canadensis*
67. 年轮末缘管孔略小，径列或星散分布 ………………… 山杨 *Populus davidiana*
68. 木材浅黄褐色，微带红褐色……………………………………………………… 69
68. 木材浅红褐色或灰褐色…………………………………………………………… 70
69. 木材浅黄褐色，近髓心周围呈红褐色；年轮外缘管孔偶呈2~3个径列，细线明显 ………………………………………………………… 毛白杨 *Populus tomentosa*

69. 木材浅红褐色，年轮外缘管孔多单独、分散，年轮界不明显 ………………………………………………………………………………………… 垂柳 *Salix babylonica*

70. 管孔肉眼下略明晰或不见，具髓斑……………………………………………… 71

70. 管孔甚小肉眼下不见，在扩大镜下可见或否……………………………………… 73

71. 管孔甚小数多，肉眼下不见，扩大镜下明晰，单独或2至数个，木射线甚细，略少。材色淡红褐色，髓斑赤褐色 …………………………… 白桦 *Betula platyphylla*

71. 管孔肉眼下略明晰；木射线少或略多，材色较深……………………………… 72

72. 木材紫红褐色，较深；管孔多单独，分布较稀；木射线较宽、较长，色较木材浅；髓斑暗褐色 ……………………………………………… 香桦 *Betula insignis*

72. 木材红褐色、较浅；管孔多复管孔(2~3个)、径列，分布较密；木射线较狭而短，色较材质略浅；髓斑锈色 ………………………… 光皮桦 *Betula luminifera*

73. 木材灰褐至灰红褐色，管孔较大、甚多，木射线略多，材质较轻；木材易腐朽 …………………………………………………………………… 枫香 *Liquidambar formosana*

73. 木材浅黄褐色至浅红褐色，管孔较小、较少，木射线略少颜色与木材一致。树皮外皮薄、灰褐色至灰黑，具褐色纵裂至不规则裂隙 ………… 木荷 *Schima superba*

附录 2　实验常用化学药品信息及分类

序号	药品名	CAS 登录号	管制信息
1	*Taq* DNA 聚合酶	9012-90-2	—
2	冰醋酸(乙酸)	64-19-7	—
3	丙三醇(甘油)	56-81-5	—
4	二甲苯	1330-20-7	危险化学品
5	二硫苏糖醇(DTT)	3483-12-3	—
6	二氯甲烷	75-09-2	危险化学品
7	过氧化氢(30%)	7722-84-1	易制爆
8	聚乙烯吡咯烷酮(PVP)	9003-39-8	—
9	氯仿	67-66-3	危险化学品
10	氯化钠	7647-14-5	—
11	氯酸钾	3811-04-9	易制爆
12	三羟甲基氨基甲烷(Tris)	77-86-1	—
13	十六烷基三甲基溴化铵(CTAB)	57-09-0	—
14	无水乙醇(无水酒精)	64-17-5	危险化学品
15	硝酸	7697-37-2	易制爆(腐蚀品)
16	溴化钾	7758-02-3	—
17	盐酸	7647-01-0	易制毒(腐蚀品)
18	乙二胺四乙酸(EDTA)	60-00-4	—
19	乙酸钠	127-09-3	—
20	异丙醇(2-丙醇)	67-63-0	危险化学品
21	异戊醇(3-甲基-1-丁醇)	123-51-3	—

注：数据来源为《危险化学品目录》(2015 版)和《易制爆危险化学品名录》(2017 版)。

附录3　木材红外光谱解析参考

附表3-1　王桉与辐射松木材红外光谱中吸收带归属(李坚，2020)

波数/cm^{-1}		吸收带归属说明
王桉	辐射松	
3330	3330	O—H伸缩振动
2900	2900	C—H伸缩振动
1730	1730	C═O伸缩振动(木聚糖乙酰基CH_3C═O)
1650	1650	C═O伸缩振动(木质素中的共轭羰基)
1595	1605	苯环的碳骨架振动(木质素)
1455	1460	C—H弯曲振动(木质素、聚糖中的CH_2)；苯环的碳骨架振动(木质素)
1425	1425	CH_2剪式振动(纤维素)；CH_2弯曲振动(木质素)
1370	1370	CH弯曲振动(纤维素和半纤维素)
1325	1335	OH面内弯曲振动
	1320	OH面内弯曲振动
1236	1235	酰氧基CO—OR伸缩振动(半纤维素乙酰氧基)；苯环-氧键伸缩振动(木质素)
1225		C—OH伸缩振动(木质素酚羟基的C-O伸缩，p-π共轭升高波数)
1205	1205	O—H面内弯曲振动(纤维素和半纤维素)
1160	1160	C—O—C伸缩振动(纤维素和半纤维素)
1100	1100	OH缔合吸收带
1050	1050	C—O伸缩振动(纤维素和半纤维素)；乙酰基中的烷氧键伸缩振动
1030	1030	C—O伸缩振动(纤维素、半纤维素和木质素)
890	895	异头碳(C_1)振动频率(多糖)
	870	甘露糖结构(针叶树材)
	810	甘露糖结构(针叶树材)
835		C—H面外弯曲振动，G环的2，6位(阔叶树材的紫丁香基结构木质素)

附表3-2　檀香紫檀和卢氏黑黄檀木材的红外光谱吸收带归属(张方达，2014)

波数/cm^{-1}		吸收带归属说明
檀香紫檀	卢氏黑黄檀	
3390	3367	O—H伸缩振动
2900	2900	C—H伸缩振动
1735	1734	非共轭C═O伸缩振动(木聚糖)
	1623	C═O伸缩振动(黄酮类抽提物)
1614	1602	C═O或苯环骨架振动(木质素与黄酮类抽提物)

（续）

波数/cm^{-1}		吸收带归属说明
檀香紫檀	卢氏黑黄檀	
1511	1509	苯环骨架振动（木质素与黄酮类抽提物）
1463	1456	C—H 弯曲振动；苯环的碳骨架振动（木质素与黄酮类抽提物）
1428	1427	C—H 面内弯曲振动；苯环的碳骨架振动（木质素）
1372		C—H 弯曲振动（棕纤维素）
	1324	OH 面内弯曲振动
1317		C—H 弯曲振动（棕纤维素）
1268	1269	苯环-氧键伸缩振动（木质素）
1231	1222	C—OH 伸缩振动（木质素酚羟基的 C-O 伸缩）
1202	1200	酚羟基（黄酮类抽提物）
1158	1160	C—O—C 反对称伸缩振动（纤维素和半纤维素）
1055	1055	C—O—C 伸缩振动（主要来自纤维素）
1034	1030	C—O 弯曲振动（棕纤维素和木质素）
896	895	异头碳（C_1）振动频率（多糖）
836	848	C—H 面外弯曲振动（抽提物）
	700	C—H 伸缩振动（抽提物）